규칙 기반 모델링에 의한
지도요소 일반화

규칙 기반 모델링에 의한
지도요소 일반화

김 남 신 著

 한국학술정보㈜

책머리에

규칙기반 모델링에 의한 일반화는 인간이 직접 수행하는 지도요소 일반화를 컴퓨터에 적용하기 위해 출발한 방법이다. 지도일반화는 선형사상의 기하학적 형태 변형이나 공간데이터 모델링에 의한 일반화를 중심으로 제한된 지도요소들을 대상으로 진행되어 왔다. 이러한 연구는 공간현상의 지리적인 일반화와 디지털 지도의 다양한 활용 측면에서 만족스런 결과를 제공해주지 못하고 있다. 본 연구는 기존 일반화 방법의 한계를 보완하고, 지도학 및 지리학적 관점에서 지형도, 수치지형도, 지도제작 관련 규정집, 항공사진 등의 분석에서 수집된 정보들을 일반화에 적용하고자 하였다.

지형도, 수치지형도 및 지도제작 규정집을 분석한 결과, 일반화 유형은 삭제, 축약, 단순화와 완만화, 선택, 과장화, 대표화, 연결관계, 고유성 유지의 8가지로 분류되었다. 이상의 과정에서 지도요소와 공간객체들의 구조화를 위한 모델을 구성할 수 있었고, 이에 따라 일반화를 위한 규칙과 형태 변형을 위한 알고리즘을 개발하였다.

점요소 일반화는 분산평균비로 점의 밀도를 분석하여 공간적 분포패턴이 변하는 격자의 간격을 점제거를 위한 임계치로 사용하였다. 건물일반화는 시가지지역을 구성하는 건물들을 윈도우 탐색법으로 선택하여 일반화를 실시였다. 도로나 하천과 같이 실폭으로 표현되는 지도요소는 버퍼링으로 선을 찾아 티센다각형망을 구성하여 중심선을 추출하였다. 선형요소 일반화는 단순화와 완만화를 동시에 수행하는 Simoo 알고리즘을 개발하였다. Simoo는 수선길이, 편각, 평균 vertex 길이를 임계치로 사용하였다. 임계치는 지도요소 별로 일반화에 따른 공간적 특성의 반영 정도를 고려하여 정하였다. Simoo의 특징은 축척별 적용, 지도학적 세련미, 논리적 오류 발생의 최소화, 지리적 고유성 유지이다.

적용결과의 평가는 지도요소별로 정성적 평가와 정량적 평가를 실시하였다. 촌락, 건물밀집지역, 도로, 하천, 호수의 일반화는 답사, 지형도, 항공사진 비교

분석에 의한 정성적 평가를 하였다. 행정구역과 등고선은 Douglas-Peucker와 Simoo 알고리즘 적용 결과에 대해 선 길이의 변화율, 자료점의 감소율, 각도, 벡터변위, 프랙탈 차원을 분석하여 정량적으로 비교하였다.

촌락의 공간적 패턴은 방형격자법에 의해 분석된다. 분산평균비에 의한 점제거 반경은 1:25,000에서는 5m, 1:50,000에서는 6.25m일 때 Töpfer의 제곱근 법과 일치하였다. 점제거율은 1:25,000은 49%, 1:50,000은 70%로 나타났다. 시가지 지역 일반화는 윈도우 탐색법을 개발하여 건물밀집지역을 추출하였다. 건물밀집지역은 윈도우 탐색격자의 크기가 400m에서, 건물의 밀도가 1:25,000 에서는 0.7이고, 1:50,000은 0.82일 때 지형도와 일치하였다. 저수지는 크기에 따라 일반화를 실시하였는데 그 결과, 1:25,000은 47%, 1:50,000에서는 74% 로 감소하였다. 하천은 Strahler 방식에 따라 하계망의 속성정보를 구축한 후 일반화를 적용하였다. 하계망은 일반화에 앞서 호수나 저수지와의 인접성을 분석하였다. 실폭하천은 108개 중에서 중심선추출 알고리즘을 적용한 결과 1:25,000과 1:50,000에서 17개가 단선화되었다. 축척별로 하계망 제거율은 1:25,000에서는 17%, 1:50,000에서는 29%가 감소하였다. 도로도 마찬가지로 촌락들과의 인접성을 분석하였다. 1,508개의 실폭도로 중 1:25,000과 1:50,000 에서 915개의 도로들이 단선화되었다. 도로의 제거율은 1:25,000은 23%가, 1:50,000은 34%가 제거되었다. 행정구역 일반화는 1:25,000에서는 두 알고리즘 모두 오류가 발생하지 않았으나 1:50,000에서는 Douglas-Peucker에서 경계선과 건물의 충돌이 발생하였다. 선의 길이는 Douglas-Peucker와 Simoo가 97% 이상을 유지하였다. 각도 변화는 Douglas-Peucker는 증가하지만, Simoo 는 감소하여 선이 부드러워지는 것을 확인할 수 있었다. 등고선은 두 알고리즘 이 모두 92% 이상을 유지했으며, 자료점 감소율은 Douglas-Peucker에서 70% 이상 제거되었지만 Simoo에서는 15%가 감소하였다. 프랙탈 차원 비교에 서는, 1:5,000은 1.061인데 Douglas-Peucker는 1:25,000에서 1.073, 1:50,000 은 1.079로 증가했고, Simoo는 1:25,000에서 1.055, 1:50,000에서 1.051로 감소 하였다. 이는 Simoo가 축척별 일반화에 적합하다는 것을 의미한다.

연구결과를 종합하면, 규칙기반 모델링에 의한 일반화는 공간현상이 지도화되는 유형과 특징을 분석하여 일반화를 위한 규칙과 알고리즘을 개발했기 때문에, 다른 일반화 방법론이나 알고리즘에 비해 지도학적 형태의 일관성과 현상의 지리적 고유성을 잘 유지하는 것으로 나타났다. 그러나 알고리즘 적용에 있어 임계치 기준에 대한 논리적 타당성이나 공간데이터에서 발생하는 오류는 앞으로 지속적인 연구를 통해 개선되어야 할 과제이다.

규칙기반 일반화는 여러 지도요소들을 대상으로 적용할 수 있고, 디지털 환경하에서 다축척(multi-scaling) 지도제작의 효율성을 높일 수 있다. 뿐만 아니라 Internet GIS에 있어서 규칙기반 일반화 방법론은 핵심적인 역할과 기능을 할 수 있을 것이며, 특히, 규칙기반 실시간 일반화 기법은 네트웍과 로컬 환경하에서 지리정보시스템 활용의 폭을 보다 넓힐 수 있을 것으로 기대된다.

목 차

표 목차

그림 목차

제1장 서 론

1. 연구의 필요성 및 목적

지도는 다양한 공간현상의 사실적 표현보다는 일반화(generalization) 과정을 거쳐 점, 선, 면의 기호로 제작된다. 일반화는 지표현상 중 보편적인 요소들을 선택하여 축척에 따라 추상화시키는 원리와 방법이다. 일반화 과정을 거치지 않고 제작된 지도는 현상들의 공간적 관계나 질서, 그리고 이들을 통한 법칙성 파악이 힘들고, 세련된 지도가 되기 어렵다(한균형, 1996; 이민부 외, 2001).

일반화는 전통적으로 지도제작 전문가의 수작업에 의존해 왔다. 그러나 수작업에 의한 일반화는 효율성이 떨어지고 일관성이 결여되는 문제점이 있다. 1960년대 이후 이러한 문제를 보완하기 위해 수학적 원리를 적용한 다양한 방법들이 개발되어 왔다(Pekal, 1966; Tobler, 1966; Cromely, 1991; Müller et al., 1995). 이들은 주로 기하학적 형태 변형을 위한 알고리즘 개발로 지향되어 왔다. 알고리즘은 해안선, 등고선과 같은 선형요소를 단순화시키기 위해 개발되었기 때문에 점이나 면 요소 일반화는 상대적으로 연구가 적게 진행되었다. 또한 이러한 접근은 데이터처리를 중심으로 처리하기 때문에 지리적인 일반화라기보다는 형태중심의 일반화이다. 이러한 알고리즘은 적용 과정에서 지도요소들의 공간적 관계를 고려하지 않기 때문에 지도요소의 위치 변동에 따른 공간 정보들의 논리적 오류가 발생하는 문제점이 있다.

1980년대 이후에 알고리즘 연구의 한계를 극복하고 다양한 지도요소들에 대해 적용가능한 일반화 방법의 개발에 대한 필요성이 인식되기 시작하였다(McMaster, 1991; Müller et al., 1995; 박환철, 2000; 이민파, 2001). 일반화는 다양한 원인으로 형성된 공간현상을 대상으로 하기 때문에 단순한 기하학적 원리가 아닌 지도학 및 지리학적인 원리를 적용하여야 한다. 이러한 요구에

부합할 수 있는 방법이 모델링에 의한 일반화이다(Buttenfield, 1991; Müller et al., 1995; Visvalingam, 1999; Cheng, 2001).

모델링에 의한 일반화는 지리정보시스템(GIS)이 발달하면서 새로운 가능성을 열게 되었다. 지리정보시스템은 공간정보를 위상정보(topological information)에 의해 저장하므로 다양한 질의(query)를 통해 지도요소들의 공간적 관계를 검색하거나 분석할 수 있다. 이러한 기능은 지리학 및 지도학자, 숙련된 제도자들이 지도제작에 사용하는 지식과 지리학적 원리를 일반화에 적용할 수 있게 해준다. 그러나 그동안 개발된 일반화 모델은 지도제작을 위한 공간데이타 일반화로 지향되어, 축척 변동에 따라 공간현상의 지리적 특징을 유지하여 공간적 원리가 지도에 반영되도록 지리학적인 일반화에는 이르지 못하고 있다.

규칙기반(rule-base) 일반화는 지리학 및 지도학자, 숙련된 제도자들이 지도를 제작할 때 사용하는 지식과 지리학적 원리를 일반화에 적용하려는 것이다. 지도 분석에서 얻는 정보는 일반화를 위한 기준이 된다. 이를 지도요소의 공간적 조직원리와 양·질적인 정보의 변환을 위한 규칙(rule)으로 모델링하여 일반화에 적용하는 것이 규칙기반 일반화 모델이다.

규칙기반 일반화는 지도요소의 형태와 이들의 공간적 관계 및 분포패턴 분석을 바탕으로 규칙을 만들어 일반화에 적용하므로 기존의 알고리즘 및 모델지향 일반화의 한계를 극복할 수 있다. 또한, 규칙기반 일반화는 다양한 지도요소에 적용가능하고, 논리적 오류와 물리적 오류 제거, 규칙구문에 의한 자동화 및 공간 질의에 의한 일반화가 가능하다는 장점이 있다. 그러나 일반화가 몇 가지 알고리즘과 규칙만으로 해결될 문제는 아니다. 이를 위해서는 지도요소에 대한 분석 이전에 지리적인 공간현상에 대한 이해가 전제되어야 한다. 그리고 지도화할 지리적 현상의 선택, 지도화되었을 때의 지리적 고유성의 변화 정도, 효과적인 공간적 패턴 표현 방법에 대한 연구가 필요하다.

이에 본 연구는 기존 일반화 방법의 한계를 보완하고, 지도요소의 지도화 과정과 공간적 조직원리에서 일반화 규칙을 찾아 모델을 구성한 후, 지리적으로 일반화시킬 수 있는 방법의 개발과 적용을 목적으로 한다. 이상의 연구목적을 달성하기 위해, 우리나라에서 보급되고 있는 지도, 항공사진, 수치지형도 및 문서 분석을 통한 일반화 유형과 기준을 정리하였다. 분석의 방향은 지도요소들의 형태변화, 공간현상의 지리적 고유성, 공간적 분포패턴을 고려하여 지도학적 일반화 유형을 분류하였다.

본 연구목적을 추구함에 있어 세부목표는 다음과 같다.

첫째, 규칙기반 모델 일반화를 위한 지도요소들의 공간적 구성 원리를 고려한 공간관계의 구조화이다. 공간관계의 구조화는 지리적 계층화(geographical hierarchy)와 위상정보화(topological information)로 구성된다. 지리적 계층화는 지표공간을 구성하는 지도요소들의 공간적 중요도를 결정하는 지표가 될 수 있으며, 위상정보화는 일반화 시에 발생할 수 있는 논리적 오류와 물리적 오류를 최소화시킬 수 있다. 뿐만 아니라, 지도요소들의 공간적 관계에 따른 일반화 유형별 알고리즘의 사용을 가능하게 해준다.

둘째, 지도요소별 일반화 모델의 개발이다. 규칙기반 일반화 모델은 모든 지도요소에 일관되게 적용할 수 있는 것이 아니며, 현상이 갖고 있는 고유속성에 따라 각기 다른 모델을 적용해야 한다. 적용할 모델은 일반화 유형, 공간적 관계, 일반화 규칙에 따라서 결정된다.

셋째, 지도학적 형태 변형에 적합한 알고리즘의 개발이다. 축척이 변하면 지도요소는 기하학적으로 형태가 변해야 한다. 대축척에서는 공간해상도가 높기 때문에 점, 선, 면이 자세히 표현되지만 소축척에서는 형태가 단순해지기 때문이다.

이상의 목표들을 달성함으로서 얻을 수 있는 효과는 첫째, 축척별 지도요소 일반화 규칙의 개발과 일반화에 대한 정량적 기준을 마련할 수 있다. 둘째, 지도 전문가의 지도제작 과정을 일반화에 적용하기 때문에 지도요소늘의 형태석인 변형은 물론 지리학적으로 공간현상을 일반화시킬 수 있다. 셋째, 지도요소별 일반화 방법론의 개발과 적용이 가능하기 때문에 다축척(multi-scale) 지도의 사용을 가능하게 할 수 있다. 넷째, 일반화는 공간데이터 양을 조절할 수 있기 때문에 네트웍 환경에서 공간데이터 전송과 이를 활용한 공간분석을 가능하게 할 수 있을 것으로 기대된다.

2. 연구내용과 방법

본 연구의 목적을 달성하기 위해 지도와 지도제작 지침서 분석을 실시하였다. 지도제작 지침서는 지도제작을 위한 축척별 지도요소의 크기, 표현에 대한 기준 및 기호 등에 대한 규정을 명시하고 있다. 본 연구에서 제시하는 일반화 기준은 지침서와 지형도 분석 결과를 종합하여 재정리한 것이기 때문에 지리원의 규정과는 차이가 있을 수 있다.

모델의 적용 과정에서 지도제작 관점에 필요한 일반화 즉, 면적, 크기 등의 기준은 지리원의 규정에 따라 진행하였다. 그러나 지리학적으로 의미가 있거나 공간적 특성을 유지시킬 필요가 있는 지도요소는 이들의 공간적 배열, 밀도, 분포유형 등을 분석하여 일반화를 실시하였다. 다만, 일반화 후의 오차는 지리원의 규정을 기준으로 분석하였다. 구체적인 연구 내용과 방법은 다음과 같다.

지도학적 지식의 획득을 위해 수치지형도분석, 지도 분석, 문헌조사를 실시하였다. 분석의 관점은 축척별 지도요소의 지도학적 형태변화, 지리적 고유성의 변화, 공간적 패턴으로 분류하였다.

지도학적 측면에서, 분석의 기준은 지도요소들의 축척별 길이, 크기, 제거 등의 형태 변형을 중심으로 하되, 지도도식규칙(대한측량협회, 1994)과 수치지도 작성내규(국립지리원, 1995)를 분석하였다. 분석기준은 지도요소들의 축척별 길이, 크기, 제거 등의 형태 변형을 중심으로 분석하였다.

일반화에 필요한 정보는 주로 지도 분석에서 얻게 된다. 지도 분석은 지도에 표시되어 있는 축척별 지도요소들에 대한 분석이기 때문에 보다 실질적이라고 할 수 있다. 지도 분석은 해안선, 구릉지, 도로망, 도시, 하천, 저수지나 호수가 비교적 골고루 분포하는 지역인 대전, 청주, 마산, 제주를 대상으로 하였다. 아울러 산촌, 카르스트 지형과 같이 특수한 지리적 현상이 나타나는 지역에 대해 영월, 매포, 신창, 울릉 도엽을 분석하였다. 지도의 축척은 각각 1:5,000, 1:25,000, 1:50,000을 분석대상으로 하였다.

지도 분석 중, 지리적 고유성의 변화에서는 축척이 감소하면서 지도요소가 삭제 또는 형태가 변형되어 지리적 고유성을 잃거나 약해지는 측면을 분석하였다. 이는 공간적 해상도의 변화에 따라 나타나는 지리적 특징의 반영 정도를 분석한 것으로 등고선, 도로, 하천, 건물, 호수, 촌락, 경지, 해안 및 행정경계를 대상으로 하였다. 일반화는 주로 지도학적 형태를 중심으로 적용되므로, 지리적 고유성이 어느 정도 유지될 수 있도록 해야 하기 때문에 이의 분석이 필요하다.

지도 분석에서, 공간적 유형화는 지도상에 표현되고 있는 지도요소들의 공간적 패턴을 유형별로 정리하되, 점(point), 선형(linearity), 네트웍(network), 면(area), 클러스터(cluster)의 5가지 유형으로 나누어 분석하였다. 이상의 분석 결과는 일반화 기준과 일반화 유형으로 정리할 수 있다.

지도요소들에 대한 공간적 관계를 분석하였다. 분석 결과는 지도요소들을 지리적으로 계층화하고 위상정보를 구축하는 데 필요한 정보를 제공한다. 수치지형도의 layer별 지도요소의 계층화는 종속, 부분 및 포함관계에 따라 지도요소들의 논리적 관계를 개념화하였다. 지도요소들이 계층화되면 기하학적으로 표현되는 공간객체(objects)들 − point, node, line, chain, ring, polygon − 의 물리적, 논리적 구조에 대한 위상정보(topology)를 만들 수 있고, 이에 의해 논리적 일반화를 적용할 수 있기 때문이다. 지도요소들에 대한 계층적 구조화와 위상관계가 설정되면, 일반화 알고리즘 적용 시 발생할 수 있는 논리적 오류를 해결할 수 있다.

일반화 규칙은 컴퓨터에서 적용할 수 있도록 조건(if)-결과처리(then)에 따른 연산논리를 세웠다. 규칙기반 일반화의 적용은 지도요소별로 다르기 때문에 촌락, 등고선, 해안선, 하천, 도로, 건물, 저수지 등에 대한 일반화 모델을 개발하였다.

지도요소는 규칙에 의한 일반화를 적용한 후, 축척별로 기하학적 형태를 변형시켜야 하기 때문에 이를 위해 다음과 같은 일반화 기법이나 알고리즘을 개발하였다.

등고선, 하천, 해안선과 같이 축척에 따라 선의 공간적 특성 및 유연성 유지, 곡률 변형이 필요한 지도요소에 대해서는 제거될 선의 연결점들에 대한 물리적 가중치와 인접한 공간정보들을 고려하여 단순화(simplification)와 완만화 (smoothing)를 동시에 진행하는 Simoo 알고리즘을 개발하였다.

실폭선의 단선화에서 단선으로 변하는 도로나 하천의 경우, 폭이 기준 크기 이하인 도로나 하천을 찾아 선들의 자료점들을 대상으로 티센(Thiessen) 다각 형망을 형성하여 중심선을 찾는 원리를 적용하였다.

면데이타의 점데이타화는, 우선 일정 면적 이하인 건물의 경우 무게중심을 찾아 점으로 일반화하였다. 점으로 변형된 촌락은 거주공간의 패턴을 반영하는 지표이다. 촌락의 일반화에서는 분포패턴의 유지가 중요하므로 방형격자법 (quadrat)에 의한 분산평균비(variance/mean ratio)로 점패턴을 분석하였다. 이때 격자 크기를 일정 간격으로 변화시켜가며 분산평균비의 값을 계산한 후, 분포패턴이 변하는 격자의 크기를 점제거를 위한 임계치로 사용하였다.

일반적으로 지도에서 건물이 밀집된 시가지는 적색으로 표시된다. 그런데 시 가지 지역은 그 경계가 불분명하고 명확하지 않기 때문에 단순히 색으로 표현 하기보다는 건물의 밀도를 계산하여 면형태의 실물묘사를 하는 것이 보다 현 실적이다. 이를 위해, 단위블록당 건물의 수에 대한 밀도를 계산하여 건물밀집 정도를 파악한 후 건물밀도가 임계치 이상인 지역에서는 건물들을 유지시키는 원리를 적용하였다.

이상의 연구 내용을 적용하고 평가하기 위해, ArcInfo의 AML과 C++를 사용하여 프로그램을 개발하였다. 연구결과는 지형도 비교, 선길이 변화율, 자 료점의 변화율 등에 대한 검토와 벡터 변위, 프랙탈 분석, 답사 등을 통하여 평가하였다.

3. 이론적 배경

1960년대, 이후 지도의 복잡성을 줄이고 지도요소들을 간결하게 표현하기 위 한 일반화 연구들이 지도학과 지도제작 관련분야에서 활발하게 진행하여 왔다

(김감래 외, 1992; Christensen, 1999; Richardson and Mackaness, 1999; Saalfeld, 1999).

일반화에 대한 연구 경향은 3시기로 나눌 수 있다. 60~70년대에는 선형데이타의 단순화를 위한 알고리즘의 개발, 70~80년대에는 알고리즘의 효율성과 평가에 관한 연구, 90년대 이후에는 모델링에 기초한 규칙기반 일반화 연구들이 진행되어 왔다(Visvalingam, 1999; Lee, 1997; Cheng, 2001). 이 중에서 가장 많이 진행된 분야는 알고리즘 연구이며, 90년대 이후에는 알고리즘과 모델지향 일반화를 통합하려는 연구가 진행되고 있다(Visvalingam, 1999).

1) 알고리즘 연구

알고리즘 일반화에서는 주로 선형요소 단순화(simplification)가 연구되어 왔다(Christensen, 1999; Richardson and Mackaness, 1999; Saalfeld, 1999). 그동안 선형요소를 중심으로 한 연구가 진행된 이유는, 선이 지도에서 가장 많은 정보량을 차지하고, 현상들 간의 경계, 도로, 하천, 통계지도에서의 흐름 등을 연속적인 벡터로 표현하기 때문이다. 이러한 선의 형태적 특성 때문에 다른 지도요소들에 비해 알고리즘을 적용한 일반화가 용이하였다.

알고리즘에 의한 일반화는 축척에 따라 점데이타의 자료점(point)이나 선데이타의 자료점(vertex)을 제거 또는 추가하면서 형태를 변형시키는 방법이다 (Töpfer and Pillewizer, 1966; Dutton, 1999). 이들은 자료처리의 범위에 따라 자료의 국지적(local) 처리와 전역적(global) 처리 방법으로 나눌 수 있다. 이는 자료의 치리 방법에 따라 다시 분류할 수 있다. 자료처리 과정에서는 임계치(tolerance)를 정하고 그 기준에 의해 데이터를 삭제하는데, 자료점의 삭제를 통한 단순화(simplification)와 삭제와 자료점 첨가를 병행하는 완만화 (smoothing) 방법으로 나눌 수 있다(표 1).

점데이타의 경우 전역적 방법을 사용하되, 축척에 따라 점자료의 수를 줄이는 Töpfer(1966)의 제곱근법(radical law)이 대표적이다.

　국지적 처리 방법에는 임계치에 따라 자료점들을 비교하여 제거하는 단순화
의 일종인 유클리드 거리 알고리즘(euclidean distance algorithm), 수선 알고
리즘(perpendicular distance algorithm) 등이 있다. 이 방법들은 임계치 내에
인접한 자료점을 국지적으로 제거하는 방법이기 때문에 단순화 후의 선형요소
의 형태들이 왜곡되는 문제점이 있다.

　전역적인 방법에는 단순화 알고리즘이 많은데, 선데이타의 기하학적 특징과
형태를 고려하여, 국지적 처리 방법을 확대한 것이다(황철수·오충원, 2002).
전역적인 방법들은 선데이타의 두 자료점(vertex)을 기선(baseline)으로 연결
해 사용자가 지정하는 임계치 띠(bandwidth) 또는 탐색영역(search corridor)
을 지정한 후, 임계치 내에 있는 자료점들을 제거하는 방법이다(Lang, 1969;
Douglas-Peucker, 1973; Reumann-Witkam, 1974; Opheim, 1982; Jenks,
1989). 이에 반해, Nth point algorithm은 임계치를 지정하지 않고 n번째의
자료점을 제거하는 방법이다.

표 1. 일반화 알고리즘

알고리즘	일반화 방법	적용 방법	대상	참고 문헌
Nth Point	삭 제	없 음	선	김감래 외(1992)
Töpfer's Radical Law	삭 제	축척의 역제곱근	점	Töpfer and Pillewizer (1966)
Douglas-Peucker	삭 제	임계 길이	선	Douglas and Peucker(1973), 황철수(1993; 1999)
Fractal Enhancement	삭제, 추가	함수에 의한 중심점 생성	선	Dutton(1981)
Lang	삭 제	임계 길이	선	Lang(1969)
Brophy	삭 제	임계 길이	선	Brophy(1972)
Chaiken	삭제, 추가	임계 길이	선	이호남(1996), 박경렬(1999)
Boyle	삭제, 추가	임계 길이	선	Boyle(1970)
Perpendicular Distance	삭 제	임계 길이	선	김감래 외(1992)
Euclidian Distance	삭 제	임계 길이	선	김감래 외(1992)

일반화 알고리즘들은 주로 단순화에 초점을 두고 있다. 그러나 전체를 단순화하면서 완만화시키는 방법에 대한 연구는 적은 편이다(McMaster, 1989). Dutton(1981)은 Fractal 이론을 적용하여 선데이타의 형태를 유지하면서 단순화하는 midpoint displacement 방법을 제안했다. 이 방법은 축척에 따라 일반화를 하면서도 Fractal의 자기유사성(self-similarity)에 따라 반복되는 형태를 유지하려는 알고리즘이다(Laurence and Carstensen, 1989).

선데이타의 단순화 중에서, 여러 가지 취약성이 지적됨에도 불구하고 간결성과 효율성 때문에 소프트웨어 설계에 적합하다고 인정되는 알고리즘이 Douglas-Peucker의 방법이다(김감래 외, 1992; 김두일·김종석, 1998). 그러나 Douglas-Peucker 알고리즘(1973)은 단순화되는 정도가 커질수록 침(pike)이나 선데이타의 공간적 충돌(conflict)이 발생하고, 선이 지나치게 단순해져 자료점 간의 간격이 커지게 되므로 선의 왜곡이 커지는 문제점이 있다(Saalfeld, 1999; Harrie, 1999). Cromely(1991)는 점제거에서 발생하는 문제점의 보완을 위해 계층화 원리를 제시하였다. Cromely가 제시하는 계층성은 공간적 형태를 결정하는 대표점들을 중요도에 따라 계층화하여 단순화시키는 원리이다. 황철수(1993; 1999)는 Cromely의 계층화 방법을 이용하여 지리적 특성을 반영하는 형태적 대표점(critical points)들을 찾아 중요도가 낮은 자료점들을 중심으로 제거해가는 단순화 방법을 개발하였다. 자료점의 계층화는 선의 공간적 특징을 고려한 단순화라는 점에서 개선된 방법이다. 이외에도 Douglas-Peucker의 방법을 원용한 다양한 임계치를 적용하여 알고리즘을 개선하려는 연구들이 있다(Visvalingam and Whyatt, 1990; Normant and Walle, 1996; Christensen, 1999; Dutton, 1997; 1999; Saafeld, 1999; Nakos, 2002). 이들 연구에서 선자료의 불리적 오류는 낳이 개선되었지만 단순화 정도가 커지면서 지리적 현상의 특성을 잃는 문제점을 해결하지는 못하고 있다. 이에 대해 선들의 곡률이 변하는 부분들을 지리적 특성을 대표하는 지역인 띠(bandwidth)로 지정하고 이를 임계치로 하여 선의 전체적인 형태를 유지하려는 연구가 진행되어 왔다(Müller, 1990; Weibel, 1996; Wang and Müller, 1998). 이 방법은 전체적인 선의 특징은 유지되지만 국지적인 부분에

서 자료점의 제거율이 높아 중소규모에서 나타날 수 있는 지표의 공간적 특성
을 반영하지 못한다.

지금까지 살펴본 알고리즘 일반화는 선형 요소들의 단순화를 빠르고 쉽게
처리할 수 있는 장점은 있지만, 단순화 정도가 커질수록 자료의 공간적 변위가
커지게 되어 원자료의 형태를 제대로 유지하지 못하는 문제점이 있다. 또한,
알고리즘들이 지도학적 표현을 중심으로 개발되었으므로 지도요소들의 공간적
일관성이나 지리적 현상 고유의 특징을 잃게 되는 문제점들을 갖고 있다
(Weibel, 1996).

2) 모델링에 의한 연구

최근에는 지도데이타의 지도학적 형태보다 공간현상의 일반화를 위한 모델
의 개발에 대한 관심이 늘어나고 있다. 이러한 연구는 공간데이타의 자동화된
처리보다는 공간요소들의 지리적 의미와 중요도, 이들의 공간관계 및 상징화
등을 고려한 일반화이다(Ormsby and Mackaness, 1999; Plewe, 1997). 또한,
지리정보시스템이 발달하면서, 공간정보와 속성정보를 연계하여 함께 처리할
수 있는 모델링에 의한 일반화의 필요성이 제기되고 있다(홍현기·전호원,
1995; 이호남, 1996; 박경렬, 1999; 최신영, 1999; Lee, 1995; 1997).

폴란드의 지도학자인 Ratajski(1967)는 일반화가 진행되는 과정에서 변화하
는 지도요소의 양과 질에 의한 일반화 모델을 제시하였다. 양적 일반화는 축척
에 따른 지도요소의 양적 변화를 말하고, 질적 일반화는 지도요소를 구성하는
기호들이 축척이 감소함에 따라 추상화되는 것을 말한다. Ratajski의 개념적
일반화 모델은 점일반화(point generalization)가 핵심인데, 축척이 감소하면서
지도에 점으로 표현할 수 있는 한계에 달하면, 점의 지도학적 표현 방법의 변
화를 위해 일반화를 진행한다. 즉, 점으로 구성된 가옥들은 축척이 감소하면서
공간적 패턴의 변화에 의해 선 또는 면과 같은 촌락으로 표현된다. 그의 모델
은 소축척에서 데이터의 추상성이 커지는 것이 특징이다.

Morrison(1974)은 지도학자가 실재에서 느끼는 지도학적 요소들을 지도의 물리적 단위로 변형시키는 과정으로 일반화를 정의하고 있다. 그는 일반화 과정을 단순화(simplification), 분류화(classification), 추리화(induction), 상징화(symbolization)로 보고, 지도학자가 느끼는 것들을 선택에 의해 분류한 후, 단순화, 상징화의 단계를 거쳐 일반화의 최종 단계인 지도화에 이르는 모델을 제시했다.

Nickerson and Freeman(1986) 모델은 전문가 시스템을 구현하기 위해 제안되었다. 이 모델은 (1) 지리사상 변형 연산자, (2) 축척에 따른 심볼화, (3) 지리사상의 재배치 및 심볼의 배치, (4) 축척감소, (5) 주기 처리 절차로 구성된다. 이 모델의 중요한 특징은 원도(source map)에서 축척 1:m의 지도제작 시, 기호의 크기(a)와 면적(w*h)의 변화를 위한 일반화 원리를 제시하는 것이다. 연산자를 사용하여 원래 지도에서 자료를 제거, 단순화, 조합 및 변형한 후, 이들을 축척에 따라 심볼화하여 배치하고 축소하여 최종지도가 완성되는 과정을 모델화한 것이다.

McMaster and Shea(1988)는 포괄적 일반화 모델을 위해, 왜, 언제, 어떤 자료를 일반화시키는가에 대한 본질적인 부분에서 문제를 제기하고 있다. 특히, 일반화 시에 복잡성 감소, 공간적 정확성 유지, 속성의 정확성 유지, 논리적 계층성 유지, 일관적 일반화 규칙의 적용 필요성을 강조한다.

Brassel and Weibel(1988)은 일반화과정을 (1) 데이터의 구조인식, (2) 데이터의 처리인식, (3) 모델, (4) 모델의 실행, (5) 데이터 표현의 5단계로 구분하고 있다. 구조인식은 지도학적 공간객체의 특징, 공간적 관계 그리고 이들을 측정(measures)하는 과정이다. 데이터처리 인식은 연산자와 알고리즘의 적절한 적용에 관한 검증 단계이다. 모델은 일반화의 규칙소선, 처리질자를 구조화하는 과정이다. 모델의 실행은 이상과 같은 과정을 통해 직접적으로 데이터의 일반화를 실행시키는 단계이다. Brassel and Weibel의 모델은 규칙기반 일반화 모델 중에서 일반화 규칙의 구조화와 적용에 적합하다고 인정되고 있다 (McMaster, 1991; Müller, 1991).

이외에도 기존의 모델을 확장하여 객체지향(object-oriented) 방법론에 의한 일반화 모델 등 다양한 방법들이 연구되고 있다(김진덕, 1995; Kumar et al., 1997; Jackson, 2000; Kang et al, 2002).

국내·외에서 이에 대한 실험적인 연구들이 진행되고 있다(황철수·오충원, 2002). 캐나다의 지도제작센터(Canada Centre for Mapping: CCM)에서 규칙구문과 알고리즘을 적용한 연구가 있지만, 만족스럽지 못한 결과가 나왔다. 이외에도 국가 단위의 일반 시스템개발—미국지질조사소(USGS)의 ASTRA (automated scale transition)와 독일의 측량·지도제작국의 수치지적 데이타 베이스와 수치토지이용모델—이 연구개발 및 시범운영(Monmonier, 1991)되고 있지만 제한된 분야에서 경험적인 연구들이 진행되고 있다(1996, 이호남).

지금까지 살펴본 연구들은 "어떻게 지도요소들을 일반화시킬 것인가"에 대한 문제제기에서 출발하여 다양한 모델들이 개발되었다. 그러나 모델 개발에서 우선적으로 고려해야 할 점은 공간현상을 바라볼 수 있는 지도학 및 지리학적 인식이 필요하다.

제2장 축척별 지도요소 분석

지도요소는 일반화를 통해 지도학적 일관성, 지리적 고유성, 공간적 질서를 표현해야 한다. 물론, 공간데이타나 기하학적인 관점에서 일반화해야 할 필요성도 있다. 일반화는 지도요소들에 대한 지도학 및 지리학적인 문제에서 출발하여 공간정보들을 일반화시키는 방향으로 가야 할 필요성이 있다. 이러한 요구조건에 부합하기 위해 다음 세 가지 관점에서 지도요소를 분석하였다.

첫째, 지도요소는 지도학적 일관성을 유지할 필요성이 있다(Bader and Weibel, 1997; Peschier, 1997).

지도는 보는 사람들에게 일관성 있는 동일한 정보를 제공해야 되기 때문에 제작에 대한 기준 즉, 축척별 일반화 기준이 필요하다. 지도제작에 대한 일반화 기준이 정립되지 않으면 지도학적 표현과 공간현상 인식에 오류를 일으킨다.

지도학적 표현측면에서, 지도는 축척에 따라 지도요소들의 형태가 일관성 있게 축소되거나 삭제되는 것이 일반적이지만, 그렇지 않은 경우가 많다. 이의 유형으로는 지도요소의 임의 삭제와 추가, 위치변동, 지도학적 형태 변형에 일관성이 결여된 것 등이 있다.

공간현상 인식오류 측면에서, 지도요소가 너무 많거나 적게 표현되면 지도인식에 혼동을 준다. 이는 지도학적 표현의 일관성이 부족하여, 공간인식에 오류를 일으키는 것이다.

둘째, 지도요소는 공간현상의 지리적 고유성을 표현한다(Nyerges 1991; Ehler et al., 1997).

지도는 축척에 따른 지도학적 표현도 중요하지만, 현상의 지리적 특성이 지도에 반영될 필요성이 있다. 축척의 변화와 공간현상들의 지리적 고유성은 반비례관계에 있다고 볼 수 있다. 그러나 축척 기준에 맞추어 지도를 제작하면 지리적 고유성이 상실되는 문제가 발생한다.

지리적 고유성을 위한 일반화는 지역의 공간적 특성 파악과 함께 현장답사 자료에서 일반화 원리를 찾아 그에 따른 적용 방법의 개발이 필요하다.

셋째, 지도요소는 현상의 공간적 질서가 반영될 필요성이 있다(Robinson 1984; Ford et al., 1997).

지도는 정보제공 뿐만 아니라, 지역을 이해할 수 있는 기능을 한다. 이를 위해, 지도요소들은 나열식이 아닌 현상들이 지리적 중요도에 따라 질서있게 배열되어야 할 필요성이 있다.

1. 지도와 문서 분석

일반화 모델 개발에 앞서 선행되어야 할 작업은 지형도와 수치지형도 분석, 문서 분석이다. 지도와 문서 분석은 일반화에 필요한 지도제작에 관한 정보를 획득하여 이를 전문가시스템에 적용하기 위해 시작되었다(Nyerges and Jankowski 1989; Shea, 1991; Nickerson, 1991; Deakin, 1997; John and Smaalen, 1997).

표 2. 일반화 지식의 획득 방법

종 류	일반화지식 획득 방법
지식 공학	지도전문가 인터뷰, 지도제작 과정 관찰
문서 분석	지도제작 지침서 분석
지도 분석 (역공학)	지형도 분석
자동 분석	일반화에 필요한 다양한 지식을 입력하여 컴퓨터가 일반화에 적합한 지식을 찾게 하는 방법
인공 지능 분석	컴퓨터의 반복적 지식 획득 과정을 통해서 최적 일반화 지식 획득
확대된 인공 지능	인공지능 분석과 반자동 분석에 의해 일반화 지식을 획득

자료: Weibel, 1995, 재구성

특히, 일반화의 원리가 되는 지도학적 지식을 수집하는 방법이 중요하다. 지식을 획득하는 방법에는 여러 가지가 있다(표 2). 지도는 복잡한 공간현상을 표현하므로 일반화 지식의 자동화 추출에는 한계가 있다. 따라서 지도일반화에 필요한 지식은 연구자의 설계에 의해 지식공학, 문서 분석, 지도 분석을 통해서 얻는 것이 일반적이다.

본 연구에서는 문서 분석과 지형도 및 수치지형도의 분석으로 일반화에 필요한 지도학적 지식을 정리할 수 있었다. 지도 분석과 문서 분석에서는 지도요소의 지도학적 변화, 지리적 고유성의 변화 그리고 공간적 유형을 분석하였다.

우리나라의 경우, 지도제작을 위한 문서에는 지형도제작을 위한 지침서와 수치지형도제작을 위한 지침서의 두 종류가 있다. 문서에서 파악할 수 없는 지도요소들에 대한 지도학적 지식은 지형도와 수치지형도 분석을 병행하여 정리하였다. 지리적 고유성과 공간적 유형에 대한 분석에서는 공간현상의 지리적 의미와 중요도, 그리고 이들이 공간적으로 배열되어 있는 양상들을 패턴에 따라 유형화하였다.

지도와 문서 분석 기준은 지도요소의 표현, 크기, 길이에 따라 수치지형도의 분류체계를 따랐다. 수치지형도를 따른 이유는 일반화원리가 컴퓨터로 처리되며, 지형도보다는 수치지형도가 다양한 용도로 사용될 수 있을 것으로 예상되기 때문이다.

지도와 문서 분석 과정에서 드러난 문제점은 지도요소의 제작 지침, 분류, 표현 방법 등에 있어서의 지형도와 수치지형도의 기준의 차이다. 축척에 따라 지도제작 지침에 차이가 있기 때문에, 정확한 기준 마련을 위한 지식 획득에 어려움이 있다(표 3).

지형도에서는 도로를 소로, 소형차로, 1차~4차선 도로 및 고속도로로 분류하고 있다. 그러나 수치지형도에서는 소로, 면리간도로, 부지안도로, 군도, 시도, 특별시도, 지방도, 일반도국도, 고속도로로 세분화시켰다.

지형도에서는 도로가 굵은 선으로 과장되어 있으나, 1:5,000 수치지형도에서는 소로를 제외한 도로를 실폭의 이중선으로 표현된다. 그리고 실폭도로는 도로 중심선을 따로 제작하도록 되어있다. 이는 수치지형도에서 공간정보 표현

방법의 차이 및 layer별 공간 분석을 위한 기초 데이터로서의 활용을 염두에
둔 제작 때문이다.

또한, 지형도와 수치지형도제작 지침에서 지도요소들의 지도화에 대한 기준
이 완전히 정리되어 있지 않다. 다만, 하천의 크기, 건물의 크기, 등고선 간격,
도로의 선택 기준, 하천의 선택 기준만 마련되어 있고, 기타 지도요소들에 대
해서는 제도자의 주관적 판단에 따라 제도하도록 언급되어 있다.

표 3. 지형도와 수치지형도 지침상의 도로

지침서	도로 분류	표현 형태 5,000	25,000	50,000	실폭 도로의 표현 기준 5,000	25,000	50,000	도로 연장선 삭제 기준 5,000	25,000	50,000	소로의 표현 기준 5,000	25,000	50,000	도로 중심선 표시 모든축척
지형도	소로	단선						5m 이하	250m 이하	500m 이하	기준 이상 모두 표현	마을과 마을연결, 자동차도와 자동차도연결, 공장, 광산도 표, 늪지, 습지 통과 도로 이외는 기준 이하 삭제		없음
	소형자로(우마차로)				실폭	3m 이상	2.5m 이상	5m 이상						
	1차선 도로													
	2차선 도로													
	4차선 도로													
	고속 도로													
수치지형도	소로(3119)	단선						5m 이하	25m 이하	50m 이하	기준 이상 모두 표현	마을과 마을연결, 자동차도와 자동차도 연결, 공장, 광산 도달도로, 늪지, 습지 통과 도로 이외는 기준 이하 삭제		있음 고속도로, 국도, 지방도, 시가지, 간선도로
	부지안도로(3118)				실폭	3m 이상	6m 이상	6m 이상						
	연리간도로(3117)													
	군도(3116)													
	시도(3115)													
	특별시도, 광역시도 (3114)													
	지방도 (3113)													
	일반국도 (3112)													
	고속도로 (3111)													

자료: 지도도식규칙, 1994; 수치지도 작성내규, 1995

표 4. 도로 일반화 기준

분 류	지도요소	축척별 일반화 기준			
		1:5,000	1:25,000	1:50,000	비 고
고속국도(3111)	선(실폭)	○	○	○	
일반국도(3112)	선(실폭)	○	○	○	
지방도(3113)	선(실폭)	○	○	○	
특별시도·광역시도(3114)	선(실폭)	○	○	○	
시도(3115)	선(실폭)	○	○	○	
군도(3116)	선(실폭)	○	○	○	
면·리간도로(3117)	선(실폭)	○	○	○	
부지안도로(3118)	선(실폭)	○	○	○	
소로(기호)(3119)	선	○	○	○	
삭 제		5m(이하)	200m(이하)	250m(이하)	
단선화		3m(이하)	6m(이하)	6m(이하)	

분류의 괄호안의 수자는 Layer 코드, ○ 지도화,×삭제(이하 표에서도 동일하게 적용됨)

자료: 지도도식규칙, 1994; 수치지도 작성내규, 1995

　지형도제작 지침서의 자료만으로는 일관된 지식을 얻을 수 없으므로 실제로 지도화되어 있는 지도요소들을 분석하기 위해 지형도 분석을 병행하였고, 분석 결과를 종합하여 축척별 일반화 기준을 찾을 수 있었다. 일반화 기준마련을 위한 지식은 수치지형도의 분류 방법에 따라 정리하였다(표 4). 축척별 지도요소의 기하학적 변동을 정량적으로 정리하여 일반화에 적용하면 일관성 있는 지도제작을 할 수 있다. 따라서 획득된 지도학적 지식은 축척에 따른 지도요소들의 일반화를 위한 기준이 될 수 있다(부록 참조).[1]

---

1) 본 연구에서 제시하고 있는 일반화 기준은 지도제작 지침서나 수치지도 작성내규와 부분적으로 차이가 있다. 이는 문서 분석 결과와 지형도를 비교·검토하여 지도화하기에 가장 적절하다고 판단되는 기준을 재구성하여 제시했기 때문이다.

2. 지도요소의 공간적 패턴

지도요소 일반화는 지도학적 형태의 일관성을 유지하되, 지리적 특성들이 반영될 필요성이 있다. 지도는 지도요소들의 공간적 배열, 심볼의 크기, 지도요소들의 간격, 위치 등에 따라 지리적인 현상 파악이 달라질 수 있다.

지도요소의 공간적 유형은 점(point), 선(linearity), 네트웍(network), 면(area), 클러스터(cluster)의 5가지로 분류된다. 이들의 공간적 패턴은 독립적으로도 존재하지만, 서로의 연결관계가 유지되어야 지역의 특징을 설명할 수 있다.

1) 점(point)

지도에서 촌락, 명승고적, 온천 등은 점으로 표시된다. 지도화되는 점들의 수와 간격은 공간현상에 대한 의미 해석에 영향을 미친다. 인문·자연환경의 요소로서의 점은 다른 요소들과의 상호작용을 통해 형성되기 때문에 형태를 통해 공간적으로 다양한 해석이 가능하다. 인문·자연요소는 지도에 점으로 나타나지만, 이들의 배열에 따라 분포의 지리적인 의미가 달라진다. 점요소의 분포는 이들의 지표공간상에서의 기능과 역할에 따라 공간적 배열이 결정된다(그림 1).

그림 1의 항공사진에서와 같이 촌락은 농경지를 중심으로 구릉지대와 접하는 점이지대와 도로를 따라 분포한다. 1:25,000과 1:50,000 지형도에서는 점으로 표현된 촌락들은 항공사진과 유사한 패턴으로 지도화되어 있다. 그러나 1:50,000에서의 촌락의 간격이나 개수 및 과장된 정도가 1:25,000보다 많다. 이런 경우 동일 지역의 공간현상 해석에 오류를 줄 수 있으므로 축척별 점의 수나 간격에 대한 일반화 기준정립이 필요하다.

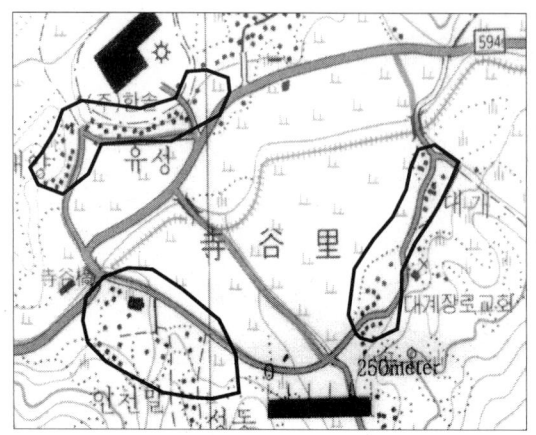

조치원 1:25,000 지형도
자료: 국립지리원, 조치원도폭, 2001년

청주 1:50,000 지형도
자료: 국립지리원, 청주도폭,
2001년

항공사진
자료: 국립지리원, 1999. 4 촬영

(항공사진과 비교하여 촌락의 간격이나 개수 및 과장된 정도가 1:25,000보다 1:50,000이
크다.)

그림 1. 촌락의 점패턴

2) 선(linearity)

지도요소의 선형은 선에 의한 것과 점에 의한 것으로 나누어진다. 등고선은 선을 통해 면적인 특징을 나타내지만, 선의 특징도 반영한다. 구조선, 능선 및 산열, 선형곡지 등은 등고선의 배열과 간격에 의해 표현되는 지도요소로서 지표의 지형 및 지질적인 특성을 반영한다(그림 2). 그림 2에서 항공사진은 구릉열을 사이에 두고 선형의 곡지지형이 뚜렷이 관찰된다. 1:25,000의 축척에서는 선형의 지형요소가 잘 드러나지만 1:50,000에서는 뚜렷하지 못하다.

연속적인 지형은 등고선의 선 간격과 곡률로 표현한다. 등고선 간격은 지도화되는 지형요소의 규모에 영향을 미친다. 중소규모의 지형요소들은 등고선 간격이 크면 지도에서 사라지거나 읽기 어렵다. 특히, 계곡선과 주곡선에 의해 지형요소가 표현되지만, 주로 계곡선 단위에서 지형파악이 가능하다. 등고선은 1:25,000m에서 50m, 1:50,000에서 100m 간격의 계곡선과 각각 10m, 20m 간격의 주곡선으로 그린다. 따라서 지형요소의 크기가 계곡선 단위인 50m 및 100m 이하인 경우 파악하기 힘들다. 지표의 형태는 대부분 등고선으로 표현되기 때문에 지형요소의 정확한 표현을 위한 등고선 지도화에 대한 연구가 필요하다.

점으로 표현되는 촌락들이 기능적 연결관계에 따라서 선형 형태를 보이는 경우가 있다. 또한, 소축척에서는 촌락, 도시, 분지들이 대상의 선형 분포로 나타난다. 이러한 공간적 분포 유형은 지리적 환경에 따른 거주공간의 확대 과정과도 관련이 있는 것으로 판단된다.

3) 네트웍(network)

네트웍으로 나타나는 지도요소에는 도로와 하천이 있다. 도로는 점, 면, 집단과 같은 공간적 결절지를 연결하는 망의 역할을 한다. 따라서 중심적인 역할을 하는 도로는 과장과 강조에 의한 일반화로 주요 기능이 지도에 반영된다

(그림 3).

그림 3.의 항공사진과 지형도에서는 도로에 의한 네트웍 망이 뚜렷이 관찰된다. 그러나 항공사진에서는 도로의 기능을 확인할 수 있을 정도로 인식되지만 지형도에서는 지방도들이 모두 같은 크기로 표현되어 있다. 따라서 조치원-청주, 조치원-유성 및 조치원-천안을 연결하는 도로망 중 주요 네트웍 기능을 하는 도로와 2차 기능을 하는 지방도 사이에 차이가 없다. 도로는 역할과 기능에 따라 크기나 폭을 과장하여 지도화할 필요성이 있다.

하천은 하계망이라는 네트웍에 의해 차수별로 연결되는 유형이다. 하천의 차수에 의한 네트웍은 인문현상과 달리 지형발달을 주도하는 주요 인자 중의 하나이다. 하천의 일반화는 주로 저차수 하천의 길이를 기준으로 이루어지지만, 지형발달에 중요한 역할을 하는 하계망의 고려가 필요하다.

4) 면(area)

지도상에서 면으로 인식되는 것은 시가지, 농경지, 지형요소 등이다. 면에 의한 공간적 분포패턴은 지도에서 다른 공간적 유형들보다 크게 나타나므로 지역의 지리적 특징인식에 도움이 된다. 따라서 면적인 유형들을 지도화할 때는 지역 이해의 차원에서 지리적 중요도가 높은 요소들을 강조하여 표현한다.

농경지는 점기호로 표현하지만 면단위로 인식된다. 농경지로 표시되는 지역이 다른 지역보다 농업적 성격이 강한 곳이라면, 축척에 따라 나타내는 점의 수를 늘일 수 있도록 가중치를 부여한다.

시가지의 경우도, 개발·확장으로 인해 시가지의 공간적 패턴이 중요한 지역에 대해서는 시가지 경계를 적색의 블럭으로 표시한다. 그러나 밀도를 고려한 건물들의 실물묘사를 통해 보다 실질적인 시가지 패턴의 일반화가 가능하다(그림 4). 1:25,000과 1:50,000의 시가지의 경계가 일정하지 않게 표시되어 이를 보완할 수 있는 방법에 대한 연구가 필요하다.

지형요소는 선으로 표현되지만 단구, 분지, 산록완사면 등의 요소는 면으로 반영된다. 자연 지리적 특성이 잘 나타나는 지역에 대해서는, 해당 지형요소들이 잘 나타날 수 있도록 등고선 간격과 굴곡을 조정하여 지도화할 필요성이 있다.[2] 축척별 등고선 간격으로 표현되지 못하는 중소규모의 지형요소들이 많기 때문이다.

---

2) 이론적으로 0.1mm 두께의 등고선을 그린다고 할 때, 등고선 간격은 (축척×사면경사)/(1,000×2)로 해야 지표형태 파악이 용이하다(Robinson, 1984; 한균형, 1996).

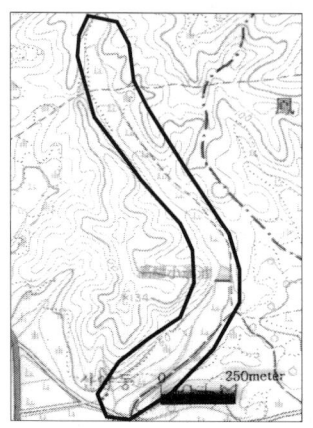 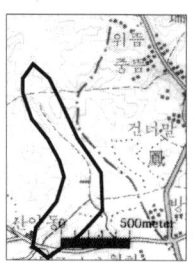

청주1:50,000 지형도
자료: 국립지리원,
청주도폭, 2001년

조치원 1:25,000 지형도
자료: 국립지리원, 조치원도폭, 2001년

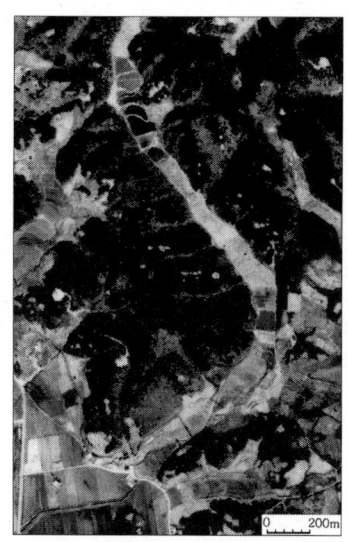

항공사진
자료: 국립지리원, 1999. 4 촬영

(항공사진은 구릉을 사이에 두고 선형의 곡지 지형이 뚜렷이 관
찰된다. 1:25,000의 축척에서는 선형의 지형요소가 잘 드러나지만,
1:50,000에서는 뚜렷하지 못하다.)

그림 2. 등고선에 의한 선패턴

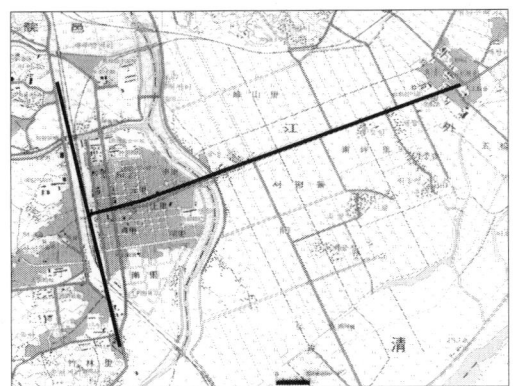

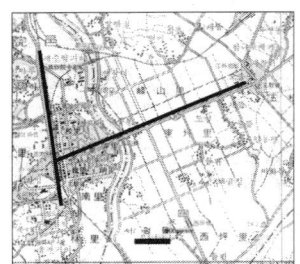

청주 1:50,000 지형도
자료: 국립지리원, 청주도폭,
2001년

조치원 1:25,000 지형도
자료: 국립지리원, 조치원도폭, 2001년

항공사진
자료: 국립지리원, 1999. 4 촬영

(항공사진에서는 도로가 크기별로 인식되지만, 지형도는 축척에 관계없이 지방도들이 같은 크기로 그려져 있어 도로의 역할을 지도상에서는 확인할 수 없다.)

그림 3. 도로망과 시가지 네트웍패턴

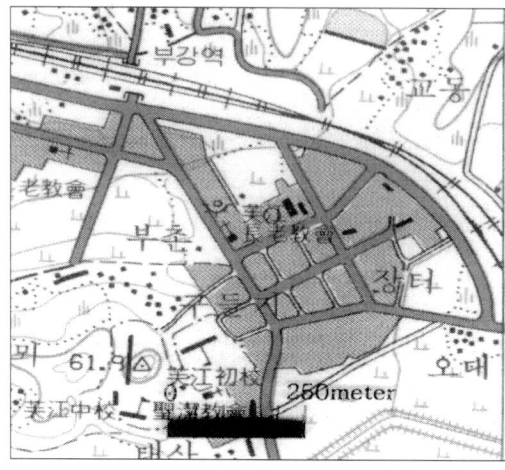
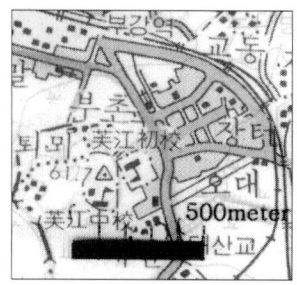

청주 1:50,000 지형도
자료: 국립지리원, 청주도폭,
2001년

조치원 1:25,000 지형도
자료: 국립지리원, 조치원도폭, 2001년

항공사진
자료: 국립지리원, 1999. 4 촬영

(항공사진과 지형도에서 시가지의 범위를 인식할 수 있지만, 시가지의 정확한 경계를 알
수가 없다. 지형도는 1:25,000과 1:50,000의 시가지 경계가 일정하지 못한 것을 확인할 수
있다.)

그림 4. 시가지의 면패턴

5) 클러스터(cluster)

지도상에 공간적 분포 패턴의 클러스터 유형은 촌락, 카르스트 지형요소 등
이다.

촌락은, 1:5,000에서는 면이지만 1:25,000과 1:50,000에서는 점으로 표현된
다. 촌락이 독립가옥으로 존재하는 경우는 드물며, 주로 점패턴으로 나타난다.

촌락의 분포는 일반적으로 무작위(random), 규칙(regular), 클러스터
(cluster) 패턴을 보인다. 촌락의 분포는 주로 도로, 농경지, 지형 등과 기능
혹은 자연적인 장애요인을 극복하는 과정에서 결정된다. 그림 5는 농경지를 기
반으로 하는 촌락의 클러스터 패턴을 나타낸 것이다. 항공사진과 1:25,000 지
형도는 선형의 경향을 보이는 클러스터 패턴으로 나타난다. 그러나 1:50,000은
도로를 따라 일정한 수의 촌락들을 그렸기 때문에 선형패턴 특성을 보인다. 이
경우 지도 판독에 있어 1:50,000 축척 지도는 촌락의 분포가 농경지보다는 도
로의 기능에 의해 형성된 것으로 오류를 일으킬 수 있다.

촌락의 입지와 분포는 인간의 거주 공간 활용과 토지이용, 자연관을 반영하
고 있어 지리적으로 중요한 가치를 갖는 대상이므로, 단일 기준에 따라 삭제한
다면 지역의 특성이 사라진다. 따라서 촌락의 일반화에서는 축척별로 점의 수
를 제거하기 앞서 점들에 대한 패턴 분석이 필요하다.

카르스트 지형요소인 돌리네, 싱크홀과 같은 와지지형들은 점 또는 선으로
표현되는 지도요소로서, 특정 지역에 집단적으로 분포한다. 이러한 지형요소들
은 지형, 지질, 기후의 영향으로 형성된 것이므로 해당 지역의 지형환경을 반
영한다.

우리나라의 경우, 이러한 지형요소들은 규모와 크기가 작아 1:25,000과
1:50,000 축척의 지형도에서는 확인할 수 없을 정도로 작게 표현된다. 따라서
특수한 공간현상들에 대한 분포 패턴은 축척에 관계없이 과장해서 그릴 필요
가 있다.

44

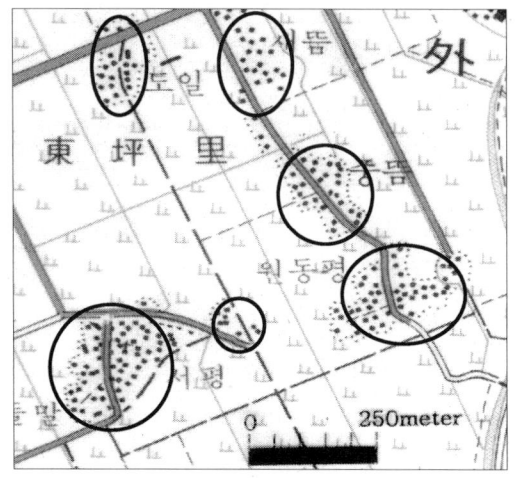

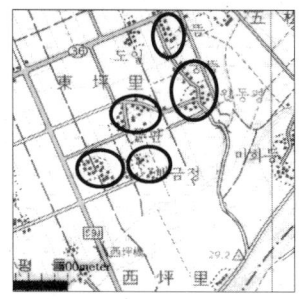

청주 1:50,000 지형도
자료: 국립지리원, 청주도폭,
2001년

조치원 1:25,000 지형도
자료: 국립지리원, 조치원도폭, 2001년

항공사진
자료: 국립지리원, 1999. 4 촬영

(항공사진과 1:25,000 지형도에서는 농경지를 중심으로 촌락이 클러스터 분포 패턴이다.
1:50,000은 도로를 따라 몇 개의 점들로만 선형으로 표현했기 때문에 도로의 기능에 의해
촌락이 형성된 것으로 인식하게 된다.)

그림 5. 촌락의 클러스터패턴

3. 지도요소의 지도학적 형태 변화

지도요소의 기하학적 형태 변화는 제거, 축약, 단순화, 선택, 집단화, 연결관계의 6가지 유형으로 분석되었다. 지도는 하늘에서 일정거리(고도:축척)를 두고 내려다 볼 때 육안으로 관찰되는 현상을 점, 선, 면으로 그리는 원리를 따르기 때문에, 축척의 변동에 의한 지도요소의 표현이 일차적으로 중시된다.

1) 제　거

지도 축척이 감소에 따른 가장 큰 변화는 지도요소들의 제거이다. 제거는 일정한 기준에 따라 이루어지는데, 면적과 길이에 의한 제거와 축척별 임의제거가 있다(표 5, 6, 7; 그림 6).

표 5. 면적에 의한 건물제거

분　류	지도요소	축척별 일반화 기준			비　고
		1:5,000	1:25,000	1:50,000	
주택 외 건물(4111)	면	○	○	○	
주택(4112)	면	○	○	○	
연립주택(4113)	면	○	○	○	
공사 중 건물(4114)	면	○	○	○	
아파트(4115)	면	○	○	○	
무벽건물(4116)	면	○	×	×	
온실(4117)	면	○	×	×	
가건물(4118)	면	○	×	×	
집단가옥경계(4119)	면	○	×	×	
제거 기준		4m²(이하)	156.25m²(이하)	625m²(이하)	

자료: 지도도식규칙, 1994; 수치지도 작성내규, 1995

46

그림 6을 항공사진과 비교해 보면, 1:25,000에서는 기준 크기 이상의 건물은 표현되어 있지만, 1:50,000에서는 건물의 크기별 삭제가 일정치 못하고, 기준 면적 이상의 건물이 제거된 것을 확인할 수 있다. 이는 건물의 제거 과정 중 면적별 건물 선택 시 발생된 오류인 것으로 판단된다.

축척별 임의제거는 지리적 중요도가 낮은 지도요소들을 대상으로 하고 있다. 주로 점데이타가 대상이 된다(표 8).

표 6. 면적과 길이에 의한 제거

지도요소	제 거	
	면 적	길 이
선		도로, 하천, 담장, 제방, 방파제, 구조물, 수송관, 철교, 다리
면	건물, 공장, 호수/저수지, 염전, 지류계,	

자료: 지도도식규칙, 1994; 수치지도 작성내규, 1995

표 7. 길이에 의한 도로 제거

분 류	지도요소	축척별 일반화 기준			
		1:5,000	1:25,000	1:50,000	비 고
고속국도(3111)	선(실폭)	○	○	○	
일반국도(2112)	선(실폭)	○	○	○	
지방도(3113)	선(실폭)	○	○	○	
특별시도·광역시도(3114)	선(실폭)	○	○	○	
시도(3115)	선(실폭)	○	○	○	
군도(3116)	선(실폭)	○	○	○	
면·리간도로(3117)	선(실폭)	○	○	○	
부지안도로(3118)	선(실폭)	○	○	○	
소로(기호)(3119)	선	○	○	○	
제거 기준		5m(이하)	200m(이하)	250m(이하)	
단선화		3m(이하)	6m(이하)	6m(이하)	

자료: 지도도식규칙, 1994; 수치지도 작성내규, 1995

표 8. 축척별 임의제거

지도요소	제 거
점	지하철 환기통, 나루(사람, 차량), 게시판, 도로반사경, 우체통, 안내, 광고판, 표지, 전주, 저장시설, 맨홀
선	지하철 출입구, 수문, 나루노선, 인도, 횡단보도, 안전지대,
면	계단, 휴게소, 주차장, 주유소, 공사, 음식점, 종말처리장, 숙박시설, 사회복지시설

자료: 지도도식규칙, 1994; 수치지도 작성내규, 1995

2) 축 약

축약에는 지도요소들이 면에서 점 또는 면에서 면으로 변하는 유형과 실폭에서 단선으로 변하는 유형이 있다(표 9).

면에서 점으로의 변화되는 유형은 면의 크기가 정해진 기준 크기 이하면 삭제되지만, 크기가 일정한 범위 내에 있으면 축약된다. 건물이 대표적인 사례가 될 수 있다. 1:5,000에서는 $4m^2$ 이상의 건물을 모두 면으로 그린다. 그러나 1:25,000에서는 $156.25m^2$ 이상은 면으로 표현되지만 $4 \sim 156.25m^2$는 점으로 축약한다. 반면에, 1:50,000에서는 $625m^2$ 이상만 면으로 표현하고 $4 \sim 625m^2$ 이하는 점으로 표현한다. 또한 면에서 면으로 변형되는 유형은 일정크기 이상의 건물일지라도 축척이 감소하면 형태를 단순화시켜 축약한다(그림 7). 항공사진과 비교해 볼 때, 1:25,000에서는 원래의 건물형태와 위치에 맞게 적절하게 축약되어 배치되어 있다. 그러나 1:50,000의 건물은 축약의 정도가 커서 점으로 표현된 지도요소와의 식별이 힘들고, 건물이 지나치게 단순해진 것을 확인할 수 있다. 이러한 문제점의 해결을 위해 건물형태와 위치를 고려한 축약이 필요하다.

고속도로, 일반국도, 지방도, 특별시도·광역시도, 시도, 군도, 면리 간 도로, 부지안 도로는 도로폭이 기준 이하이면 단선으로 표현된다. 1:5,000 지도에서는 도로폭이 3m 이상일 때 실폭으로 표현한다. 1:25,000에서는 6m 이상만 실폭으로 그리고 3~6m 사이의 도로는 도로의 중심선을 찾아 단선으로 표현한다. 마찬가지로 1:50,000 지도에서도 폭 6m 이상의 도로만 실폭이며, 3~6m 미만의 도로는 단선으로 나타났다. 하천도 1:25,000과 1:50,000에서 6m 이상의 하천은 실폭으로 표현한다.

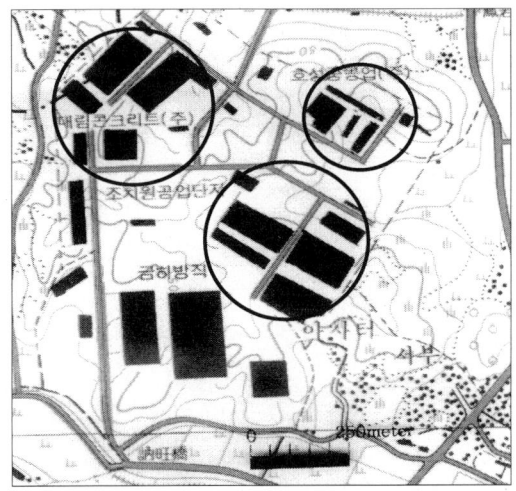

조치원 1:25,000 지형도
자료: 국립지리원, 조치원도폭, 2001

청주 1:50,000 지형도
자료: 국립지리원, 청주도폭,
2001

항공사진
자료: 국립지리원, 1999. 4 촬영

(항공사진과 비교하여 1:25,000은 면적의 크기에 따라 건물들이 표현되어 있다. 1:50,000
에서는 일관성 없이 오히려 큰 건물이 제거된 것을 확인할 수 있다.)

그림 6. 건물의 제거

50

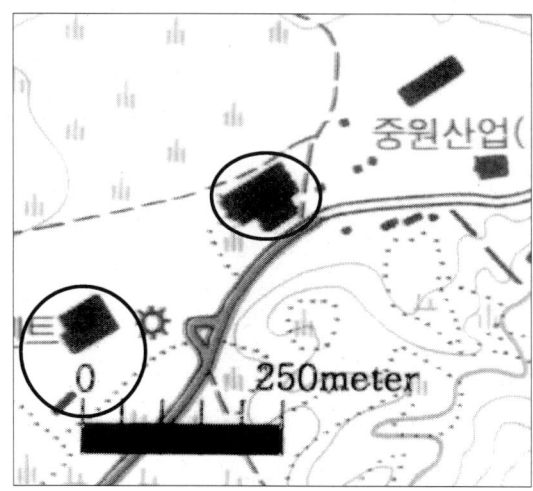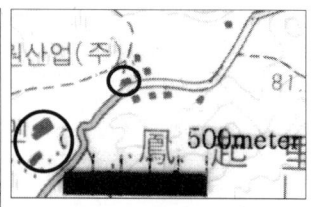

청주 1:50,000 지형도
자료: 국립지리원, 청주도폭,
2001

조치원 1:25,000 지형도
자료: 국립지리원, 조치원도폭, 2001

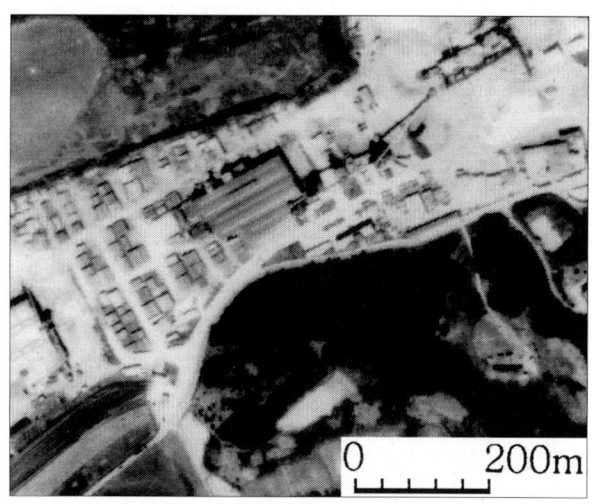

항공사진
자료: 국립지리원, 1999. 4 촬영

(항공사진과 비교하여 1:25,000에서 원래의 건물 형태를 유지하며 축약되어 있다. 그러나
1:50,000에서는 축약 정도가 커, 면으로 표현되어야할 건물이 점으로 축약되거나 삭제된
것을 확인할 수 있다.)

그림 7. 건물의 축약

표 9. 축척별 축약되는 지도요소

지도요소	축 약
실폭선	고속도로, 일반국도, 지방도, 특별시도·광역시도, 시도, 군도, 부지안도로, 면리간도로, 하천
면	건 물

자료: 지도도식규칙, 1994; 수치지도 작성내규, 1995

3) 단순화

　단순화는 축척 감소에 따라 선의 형태가 단순해지는 유형이다. 면을 이루는 선의 단순화는, 축척의 감소에 따라 여러 채의 건물 또는 일정한 형태로 밀집된 지역이 단일 건물로 변화될 때나, 소축척에서 일정 크기 이상의 건물 외곽선이 단순해지는 경우를 말한다. 지도에서 건물 외곽선의 단순화는 건물의 모서리를 연결하여 단순화되는 경우가 많았다(그림 8). 항공사진과 비교하면, 1:25,000 지도는 건물의 원래 형태를 유지하지만, 1:50,000에서는 단순화 형태의 규칙성이 없고 임의로 단순화된 것을 확인할 수 있다. 단순화 과정은 추상화 방법의 하나이지만, 어느 정도는 원래의 형태를 유지하며 일반화시킬 필요성이 있다(McMaster, 1987; Jaakkola, 1997; Bader and Barrault, 2000).
　반면에 행정구역, 등고선, 호수, 해안선 등과 같은 선형요소는 축척의 감소에 따라 단순해지는 동시에 완만해지는 것으로 분석되었다(표 10).

표 10. 단순화와 완만화되는 지도요소

지도요소	단순화 · 완만화
선 (단순화/완만화)	등고선, 행정경계, 해안선, 하천, 호수/저수지
면 (단순화)	건물, 토지이용, 경지

자료: 지도도식규칙, 1994; 수치지도 작성내규, 1995

청주 1:50,000 지형도
자료: 국립지리원, 청주도폭,
2001

조치원 1:25,000 지형도
자료: 국립지리원, 조치원도폭, 2001

항공사진
자료: 국립지리원, 1999. 4 촬영

(항공사진과 비교하여 1:25,000은 건물의 원래 형태를 유지한다. 1:50,000에
서는 형태 변형에 일관성이 없고, 임의로 단순화시킨 것을 확인할 수 있다.)

그림 8. 건물의 단순화

4) 선 택

삭제와는 반대로 지도화되어야 할 대상을 선택해야 하는 경우가 있다. 등고선, 도로, 하계망, 건물 등은 지도제작 기준에 의한 선택과 중요도에 의한 선택의 두 가지 유형으로 나누어진다.

지도제작 기준에 의한 선택 중, 등고선은 축척별로 등고선 간격이 정해져 있기 때문에 1:5,000에서 1:25,000과 1:50,000으로의 축척변화에 따라 등고선을 고도별로 선택하여 그린다(표 11). 건물, 도로, 하계망과 같이 일정한 크기나 면적을 기준으로 삭제되는 지도요소들은, 삭제 전에 기준 이상의 요소들을 선택한다(그림 9). 그림 9에서 등고선 간격은 지형요소의 표현에 영향을 미친다. 1:25,000에서는 산록완사면, 충적지, 구릉 등의 중소규모 지형요소들이 항공사진과 일치하는 경향을 보이지만, 1:50,000에서는 산지와 저지대의 두 가지 지형 단위로 인식된다. 이러한 문제의 해결을 위해서는 등고선 간격에 대한 다양한 검토가 필요하다.

중요도에 따른 선택의 경우 국가기관이나 재난 시 사용될 수 있는 시설, 유명 관광지, 희소성 등을 고려하여 축척과 관계없이 지도에 표시한다. 지도 분석 결과, 중요도에 의한 선택은 지리적인 선택보다는 정보제공 역할 측면의 선택이 대부분인 것으로 판단된다(표 12).

표 11. 등고선의 선택

분 류	지도요소	축척별 일반화 기준			
		1:5,000	1:25,000	1:50,000	비 고
계곡선(7114)	선	○ 25m	○ 50m	○ 100m	실 선
주곡선(7111)	선	○ 5m	○ 10m	○ 20m	실 선
간곡선(7112)	선	○ 2.5m	○ 5m	○ 10m	파 선
조곡선(7113)	선	○ 1.25m	○ 2.5m	○ 5m	고도 값 표시

자료: 지도도식규칙, 1994; 수치지도 작성내규, 1995

표 12. 중요도에 의한 선택

지도요소	선 택
점	문화관광요소(성, 유적, 능묘), 기념비, 우물
선	경관이 수려하거나 특수지형(카르스트, 해안지형, 암괴노출지)
면	행정기관, 병원, 발전소, 변전소

자료: 지도도식규칙, 1994; 수치지도 작성내규, 1995

5) 연결관계

지도요소 중 크기를 기준으로 하는 호수/저수지, 건물 및 촌락 등은 축척 감소 시 일정 기준 이하의 요소를 삭제해야 하지만, 다른 요소들과 연결관계에 있을 때는 제거하지 않고 지도에 표현하는 유형이다. 축척에 따라, 소로는 1:25,000에서 200m 이하, 1:50,000에서 250m 이하인 경우 삭제하지만 소로가 마을, 자동차 도로 또는 관광지, 주요 공장 등을 연결할 때는 축척에 관계없이 유지한다(그림 10).

호수나 저수지의 경우, 1:25,000에서는 $625m^2$, 1:50,000에서는 $2,500m^2$ 이상의 면적일 경우 표현한다. 하천의 연장선은 1:25,000에서는 200m, 1:50,000에서는 250m 이하일 경우 삭제해야 하지만 호수와 연결되는 하천은 유지한다.

지금까지 형태 중심의 문서 분석과 지도 분석 결과, 지도요소의 일반화 유형은 삭제, 축약, 단순화, 선택, 집단화, 연결관계의 6가지로 분석되었다. 이 유형들은 일관성 있는 지도제작을 위한 표현 중심의 일반화(cartographic generalization)에 적합하다. 그러나 개별 지도요소들의 지리적 고유성과 이들의 공간적 분포패턴이 지도에 반영되기 위해, 지도요소들의 지도화 유형에 대한 지리적 분석이 따라야 한다.

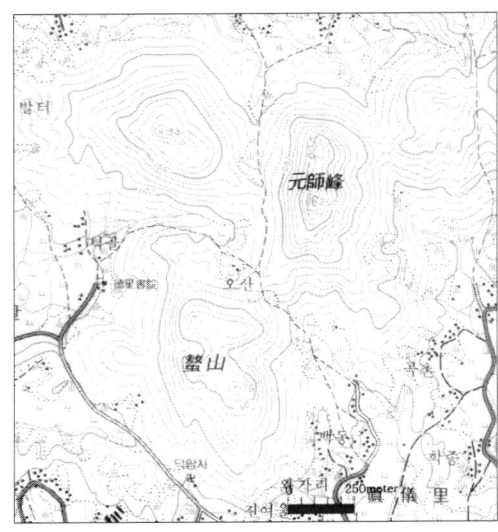 

청주 1:50,000 지형도
자료: 국립지리원, 청주도폭,
2001

조치원 1:25,000 지형도
자료: 국립지리원, 조치원도폭, 2001

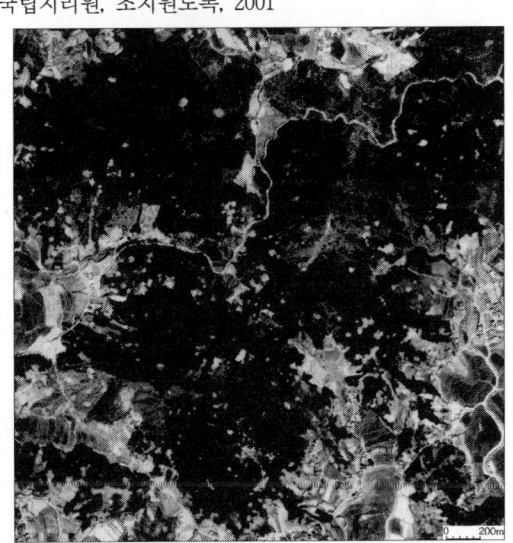

항공사진
자료: 국립지리원, 1999. 4 촬영

(1:25,000에서는 산록완사면, 저지대, 곡지, 구릉 등의 중소규모 지형요소들이 항공사진과
일치하는 경향을 보인다. 1:50,000에서는 산지와 저지대의 두 가지 지형단위로 인식된다.)

그림 9. 등고선의 선택

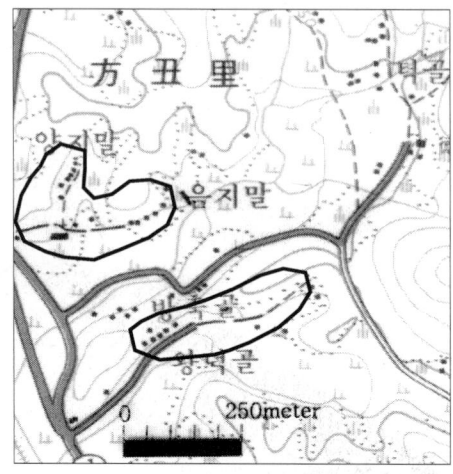
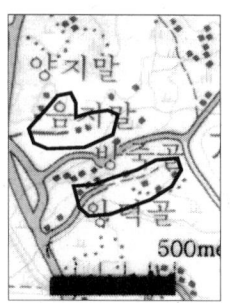

청주 1:50,000 지형도
자료: 국립지리원, 청주도폭,
2001

조치원 1:25,000 지형도
자료: 국립지리원, 조치원도폭, 2001

항공사진
자료: 국립지리원, 1999. 4 촬영

(항공사진에서 작은 소로가 마을로 이어진 것을 확인할 수 있다. 1:25,000에서는
소로의 길이가 짧지만 마을을 연결한다. 그러나, 1:50,000에서는 소로 중 일부가
제거된 것을 확인할 수 있다.)

그림 10. 도로의 연결관계

4. 지도요소의 지리적 고유성의 변화

지도에 표현되는 지도요소는 일반화 정도가 높아질수록 추상성이 커지므로, 현상의 특징들을 제대로 반영하지 못하게 된다. 대체로 1:5,000에서는 2m 이상인 공간현상들을 지도에 표시하고 있다. 실재하는 사실을 그대로 그리고 있지는 않지만, 현상의 지리적 특징을 그대로 묘사한다.

그러나 1:25,000이나 1:50,000 혹은 그 이상의 축척에서는 일반화 정도가 커지게 되어, 공간적 형태가 현상 그 자체의 표현보다 추상화된다.

축척에 변화에 따라 지리적 고유성의 변화가 큰 지도요소는 자연현상이다. 도로, 건물, 행정경계 등은 인간의 의도에 따라 인위적으로 만들었기 때문에 거의 직선형이거나 곡률이 적은 다각형이며, 일반화되어도 고유성에 미치는 영향이 적다(Kass et al., 1987; Armstrong, 1991; Argilas and Miliaresis, 1997; Mackechnie and Mackaness, 1997).

삭제, 축약, 단순화, 선택, 집단화, 연결관계의 6가지 일반화 유형 중에서 지리적 고유성에 많은 영향을 미치는 것은 단순화와 삭제, 선택이다.

1) 점에 의한 고유성

(1) 농경지

논과 밭, 과수원은 지도에서 점기호로 표현된다. 농경지는 지도에서 평탄지나 구릉지대를 따라서 표시된다. 평탄지에는 논, 구릉지대에는 밭이나 과수원이 표현되고 있어, 지도에서 농경지대의 지리적 특징을 파악할 수 있다.

지형도에서 평탄지나 구릉지대의 지도화는 축척에 영향을 받는다. 축척이 감소할수록 지도화되는 평탄지나 구릉지대의 크기가 작아지므로 기호를 표시할 공간이 줄게 된다. 따라서 지도화되어야 할 논이나 밭기호의 수가 감소하게,

농경지의 고유한 특징을 반영하지 못하는 문제점이 발생한다(그림 11).

그림 11에서 1:5,000에서는 농경지가 적절한 수준으로 표현되어 있으므로 별문제가 없다. 1:25,000의 경우, 농경지 도상면적이 작은 지역에서는 평지에만 논을 그리고 밭은 일부만 표시되고 있어 밭농사가 적은 것으로 인식된다. 1:50,000에서는 왜곡의 정도가 더 커지게 되어, 논의 수가 더 적어지고 밭은 거의 확인하기 힘들다.

점은 축척에 따라 일정한 제거 원칙을 적용하기 때문에, 점의 개수는 지리적 특성의 표현에 미치는 영향이 크다. 지도상에서 동일한 장소라 할지라도 1:25,000에서는 논 기호가 많아 논농사가 집중적으로 이루어지는 것으로 인식되지만, 1:50,000에서는 그 수가 적게 표시되므로 논농사가 적은 지역으로 파악된다.

지도에서 점기호는 축척에 따라 제거하지만 지도가 복잡하지 않으면서도 지리적 고유성을 유지하기 위한 기호의 표현 방법과 제거 기준이 필요하다.

(2) 촌 락

촌락은 지형도에서 가옥들이 모여 다양한 클러스터 패턴을 보인다. 촌락은 인간의 생활공간으로서 농경지 분포와 관련이 크다. 촌락을 이루는 가옥의 수가 많으면, 기반활동을 지원하는 농경지의 규모도 크고 규모를 통해서 주변 촌락들과의 관계 또한 간접적으로 파악할 수 있다. 따라서 촌락의 지도화는 점에 의한 다른 요소들보다 공간적인 의미가 크다고 볼 수 있다.

1:5,000에서 촌락은 독립건물로서 면으로 표시되지만, 1:25,000과 1:50,000에서는 점으로 표시된다. 제거원리에 따라 1:5,000에서 표시된 촌락들이 1:25,000에서는 그 수가 감소하고 1:50,000에서는 더 줄어든다.

거주 공간의 기초 단위로서 촌락은 점으로 표현되기 때문에, 점의 분포와 밀도, 심볼의 크기에 의해 공간적 패턴이 드러나야 한다. 촌락의 형태는 인간의 다양한 활동 결과를 반영한다. 집촌, 괴촌, 열촌, 산촌 등은 각기 고유의 기능에 따라서 발달된 것이다.

지도에 표현되는 괴촌의 형태적 특징은 무질서한 집들의 배열과 도로망이다. 1:5,000에서는 집들이 면이기 때문에 괴촌형태의 배열로 나타난다. 1:25,000과 1:50,000에서는 집들이 소수의 점으로 표현되므로 패턴 파악이 힘들고, 단지 촌락으로서만 인식된다.

환경극복을 위해 자연제방 주변과 사구에 길게 발달한 열촌의 경우 1:25,000에서는 점이 일렬로 분포하지만, 1:50,000에서는 대다수가 임의의 점으로 표현되어 열촌의 패턴이 반영되지 않는다. 이는 제도자의 주관에 따라서 촌락의 특성을 고려하지 않고 점을 임의로 그리거나 삭제했기 때문이다(그림 1).

우리나라의 산촌은 형성원인이 다양하지만 주로 농업활동과 깊은 관련이 있다. 산촌은 독립가옥 형태로서 일정한 거리를 두고 분포한다. 1:5,000에서는 산촌이 면으로 나타나고 있으나, 1:25,000과 1:50,000에서는 점이 지나치게 제거되어 독립가옥으로 표현되며, 산촌의 지리적 특징을 나타내지 못한다.

지도는 단순히 현상의 형태적 특징을 그리는 것이 아니므로, 형태를 통한 현상의 지리적 특징 표현이 중요하다.

2) 선에 의한 고유성

지도요소 중에서, 선형요소는 축척이 감소하면서 선의 굴곡이 작아지기 때문에 선에 의한 지리적 고유성이 약해지는 경우가 많다. 지표공간의 인문·자연현상 대부분은 선으로 표현되기 때문에 다른 어떤 요소들보다도 지리적 특징의 표현을 선의 형태에 의존한다.

선형요소들 중, 특히 해안, 등고선, 하천 등이 지리적 고유성을 제대로 표현하지 못하는 것으로 분석되었다. 이들은 지도상에서 곡률에 의해 지형 발달의 형태를 반영하기 때문이다.

선형요소들은 전역적 방법의 알고리즘을 적용하여 단순화시키기 때문에, 축척 변동이 커질수록 지리적 고유성을 잃게 된다. 따라서 이를 보완할 수 있는 알고리즘의 개발이 필요하다.

(1) 해안선

일반적으로 조류와 파랑의 작용으로 발달한 해안에서는 해안선의 출입이 비교적 복잡하다. 이러한 해안선들은 1:5,000에서는 정밀하게 표현되지만, 1:25,000과 1:50,000 또는 그 이상으로 가면 급격히 단조로워 진다. 1:25,000에서는 중소규모의 지형요소들이 선의 굴곡으로 표현되지만, 1:50,000에서는 소규모의 굴곡들이 생략되어 지형요소가 사라진다. 복잡한 해안선이 임의기준에 의해 단조롭게 표현되면, 지도상에서 해안지형 발달에 대한 지리적 고유성을 파악할 수 없게 된다.

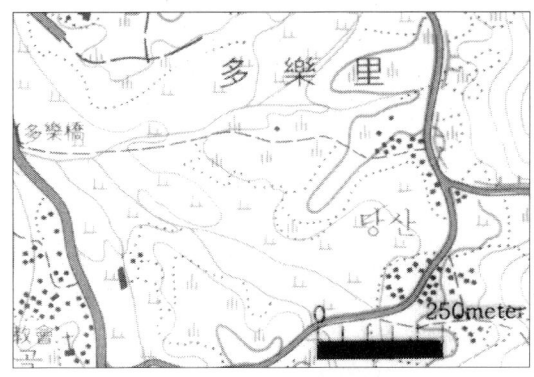

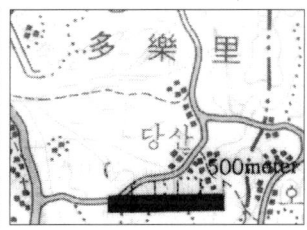

청주 1:50,000 지형도
자료: 국립지리원, 청주도폭,
2001

조치원 1:25,000 지형도
자료: 국립지리원, 조치원도폭, 2001

항공사진
자료: 국립지리원, 1999. 4 촬영

(항공사진에서 논은 골짜기와 평지, 밭은 산록완사면을 따라 분포하며 그 주변에 농경지를 기반으로 하는 촌락들이 입지해있다. 1:25,000에서 농경지 기호는 항공사진과 같은 경향을 보이지만, 1:50,000에서는 표시 수가 적어 농경지와 촌락에 대한 지리적 특성 파악이 힘들다.)

그림 11. 농경지의 고유성

(2) 하 천

하천은 내적 영역과 외적 영역의 작용으로 발달한다. 이렇게 발달된 하천은 그리드 패턴이나 사행 형태로 유로가 발달된다.

1:5,000이나 1:25,000 지도에서는 중소규모의 하계패턴이 잘 드러나고 있지만, 1:50,000이나 그 이상에서는 하계망이 단조로워 선의 형태만 가지고는 하천 발달에 미친 영향을 파악할 수 없게 된다. 1:50,000의 지형도에서는 주로 고차수 하계망들을 중심으로 지도화되어 있고 저차수 하천은 간략하게 표현되어 있어 하계망 대한 제한적인 지형해석이 가능하다. 그러나 1:25,000 지형도에서는 저차수에서 고차수에 이르기까지 적정한 크기의 하계망들이 지도화되어 있어 중소규모의 하천과 연관된 지형해석이 가능하다. 저차수 하천의 경우, 하천 발달의 일반적인 프로세스보다는 주로 풍화 및 침식 과정과 밀접하게 관련되어 곡지발달을 유도한다. 이러한 지역에서의 저차수 하천은 건천이거나 하도 형태만 남아 있는 경우가 많다. 또한, 저차수 하계망이 발달한 지역에서는 천수답의 경우 농경지 작물 재배 형태가 뚜렷이 구분된다(그림 12). 그림 12의 항공사진에서는 하천을 중심으로 한 논농사 지역과 구릉지의 밭농사 지역이 구분된다. 1:25,000에서는 하천을 중심으로 한 경지가 구분되고 있으나, 1:50,000에서는 하천과 농경지가 너무 적게 표시되어 있다. 이는 지도제작 과정에서, 농경지 기호를 규모가 작은 하천에 알맞게 표시하는 과정에서 발생한 오류로 판단된다.

하천이 지나치게 단순화되어 표현되면 하천발달에 영향을 미친 지리적 특성들을 파악하기 힘들 뿐만 아니라, 이와 연관된 농경지 표현 기호도 단순화되므로 현상해석에 오류를 일으킬 수 있다.

3) 면에 의한 고유성

면으로 표현되는 지도요소들은 일반화가 되더라도 지리적 고유성이 유지되는 특성을 갖는다. 면으로 표현되는 지리적 현상들은 주로 크기에만 변화가 일어나며 기본 형태는 유지되기 때문이다.

(1) 호수와 저수지

일반적으로 지도요소는 축척별 기준에 따라 삭제되지만, 호수나 저수지와 같이 지리적으로 중요하고 다른 현상들과 연결관계에 있는 것은 삭제하지 않는다. 호수와 저수지는 물을 공급하기 위한 용도로 만든 것이기 때문에, 농업용수나 식수원으로서 중요한 역할을 한다. 그러므로 하천의 발달이 미약한 지역의 농경지대에서는 호수나 저수지의 크기가 작더라도 지도에 표시해야 된다. 그렇지 않으면 농경지가 천수답으로 인식될 수 있다.

(2) 등고선

등고선은 선의 성격을 갖는 지도요소이지만 선의 간격과 굴곡에 의해 지표의 면적인 특성을 지도에 표현한다. 등고선으로 묘사되는 중소규모의 지형요소에는 단구지형, 산록완사면, 분지, 곡지지형 등이 있다. 이러한 지형요소들은 규모에 따라 다르지만 1:5,000과 1:25,000에서는 비교적 지도에 잘 표현된다. 그러나 1:50,000 이상의 축척에서는 규모가 큰 것을 제외하고는 잘 반영되지 않는다(그림 13). 그림 13의 항공사진에서는 다양한 형태의 곡지지형, 산록완사면, 충적지 등이 관찰되는데, 이러한 지형요소가 1:25,000에서는 비교적 잘 표현되지만 1:50,000에서는 지형요소들의 지리적 특징들이 약해지거나 사라지는 것을 확인할 수 있다.

이는 축척 감소에 따라 등고선의 간격과 굴곡이 단순해지면서 중소규모 지형들이 생략되거나 축약되어 지리적 특징이 나타나지 않기 때문이다. 이러한 문제점의 해결을 위해서는, 축척에 따른 획일화된 등고선 간격의 지정보다는 표현되는 지형요소들의 단위에 따라 간격을 정하는 것이 합리적일 것으로 판단된다.

　예를 들어, 지형요소를 대규모, 중규모, 소규모로 나눌 때 축척에 따라서 표현되는 정도가 다를 수 있다. 또한, 선의 굴곡은 오직 선으로 추상화된 지형을 실제와 얼마만큼 가깝도록 그리느냐를 결정할 수 있으므로, 선의 굴곡에 대한 기준마련도 필요하다.

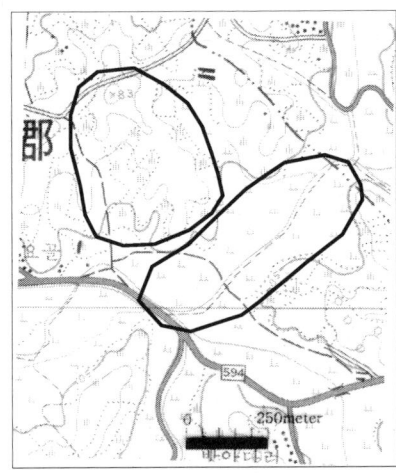

청주 1:50,000 지형도
자료: 국립지리원, 청주도폭,
2001

조치원 1:25,000 지형도
자료: 국립지리원, 조치원도폭, 2001

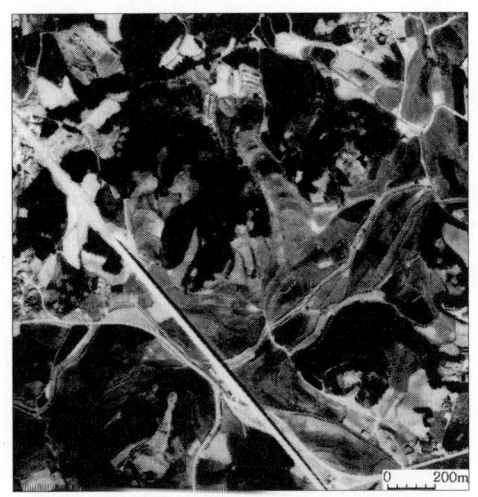

항공사진
자료: 국립지리원, 1999. 4 촬영

(항공사진에는 하천을 따라 논농사 지역과 구릉지의 밭농사 지역이 구분된
다. 1:25,000에서는 하천을 중심으로 한 경지가 구분이 되고 있으나,
1:50,000은 하천과 농경지를 확인하기 어려울 정도로 적게 표현된다.)

그림 12. 하천의 고유성에 의한 토지이용 패턴

66

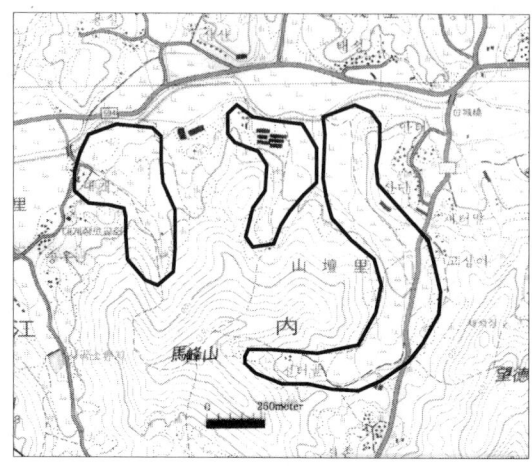

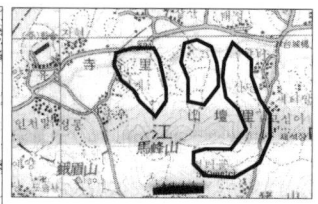

청주 1:50,000 지형도
자료: 국립지리원, 청주도폭,
2001

조치원 1:25,000 지형도
자료: 국립지리원, 조치원도폭, 2001

항공사진
자료: 국립지리원, 1999. 4 촬영

(항공사진과 1:25,000에서 다양한 형태의 곡지 지형, 산록완사면, 충적지 등이 면으로 인식되지만, 1:50,000 축척에서는 표현되는 지형요소들의 형태적 특징들이 약해지는 것을 확인할 수 있다.)

그림 13. 등고선에 의한 면고유성

5. 지도요소별 일반화 유형과 기준

일반화 유형 중에서 지도학적 형태 중심의 일반화는 독립적으로 적용할 수 있지만 지리적 고유성과 공간적 유형을 고려한 일반화는 몇 가지 유형이 함께 적용된다. 예를 들어, 하천의 일반화에서는 기준 길이 이하인 하천삭제, 호수와의 연결관계, 하천의 형성 과정을 설명할 수 있는 형태적 고유성 유지와 같은 3가지의 일반화 유형을 적용한다. 시가지 건물의 일반화는 선택, 크기에 의한 축약, 건물밀도에 의한 대표화의 3가지 유형을 적용할 수 있다.

일반화의 유형은 연구자들에 따라 다양하게 나누지만, 주로 4~9가지로 분류된다(Robinson, 1982; 1984; Brassel and Weibel, 1988; Nickerson, 1991; Shea, 1991; McMaster 1991; 1989; ESRI white paper, 1996). 지도 분석 결과를 종합하면, 지도요소들을 일반화할 수 있는 유형들은 삭제(elimination), 축약(collapse), 단순화와 완만화(simplification and enhancement), 선택(selection), 과장(exaggeration), 대표화(typification), 연결관계(connectivity), 고유성 유지(uniqueness)의 8가지로 분류된다.

지도 분석에서 일반화 유형과 더불어 연구되어야 할 것이 일반화 기준이다. 일반화 기준은 일반화 규칙을 만들기 위한 조건으로서, 지도요소의 형태 변형을 통해 공간적 특징을 유지하기 위한 기준이다. 주요 일반화 기준을 제시하면 표 13과 같다. 표 13에서 지도요소별 적용가능한 일반화 유형 중, 단순화와 완만화는 『선』에, 축약은 『선, 면』에, 그리고 삭제, 선택, 과장, 대표화, 연결관계, 고유성 유지는 『점, 선, 면』에 적용할 수 있다. 규칙기반 일반화에서 일반화 기준은 지도요소의 기하학적 형태 변형을 위한 준거가 된다. 여기서 지리적 고유성과 공간적 패턴은 일반화 시에 실제로 적용하기보다는, 형태 변형 과정에서 현상의 특성을 유지하기 위한 임계치 설정의 근거를 제공한다.

1) 제거(elimination)

축척 감소에 따라 일정한 기준 이하의 지도요소들은 중요도가 높은 지형지물을 제외하고는 제거한다(그림 14의 제거). 제거는 크기와 길이를 기준으로 하거나 휴게소, 놀이터, 각종 시설물 등 지리적 중요도가 낮은 지도요소를 대상으로 한다. 그러나 제거에 앞서 도로, 하천, 건물, 호수 등의 길이나 면적을 계산해야 정량적으로 처리할 수 있다.

표 13. 일반화의 유형과 기준

일반화 유형	지도 요소	일반화 기준		
		지도학적 형태	고유성	공간적 패턴
제거 (elimination)	점, 선, 면	개수, 길이, 면적	지리적 고유성과 중요도	점, 선, 네트웍, 면, 집단
축약 (collapse)	선, 면	길이, 면적	지리적 고유성과 중요도	선, 네트웍, 면
단순화와 완만화 (simplification and enhancement)	선	자료점 제거, 추가, 이동	지리적 고유성과 중요도 지도학적 세련미	선, 네트웍, 면
선택 (selection)	점, 선, 면	개수, 길이, 면적	지리적 고유성과 중요도	점, 선, 네트웍, 면, 집단
과장 (exaggeration)	점, 선, 면	개수, 길이, 면적	지리적 고유성과 중요도	점, 선, 네트웍, 면, 집단
대표화 (typification)	점, 선, 면	개수, 길이, 면적	지리적 고유성과 중요도	점, 선, 네트웍, 면, 집단
연결관계 (connectivity)	점, 선, 면	거리, 인접성	지리적 고유성과 중요도	네트웍
고유성유지 (uniqueness)	점, 선, 면	개수, 자료점, 면적	지리적 고유성과 중요도	점, 선, 네트웍, 면, 집단

2) 축약(collapse)

축약은 건물, 도로, 하천과 같이 면이나 실폭으로 표현되는 지도요소를 일정한 면적이나 폭을 기준으로 점 또는 단선으로 처리하는 것이다(그림 14의 축약). 지도 분석에서 건물은 면으로 처리해야 대상과 점으로 처리해야 할 대상의 기준을 찾을 수 있었다. 지형도에서는 도로나 하천을 과장하여 그리지만, 수치지형도에서는 실폭으로 표현하고 중앙에 중심선을 그리도록 되어 있다. 실폭은 지도학적 표현을 위해 사용하는 것이고, 중심선은 하계망이나 도로망의 분석용도로 사용된다. 폭은 축척별로 너비가 정해져 있는데, 일정한 기준 이하의 폭은 단선으로 처리한다.

실폭 도로나 하천의 단선처리 일반화를 적용하기 위해, 실폭선의 자료점을 구성하는 점들을 노드로 처리하여 티센 다각형망에 의한 중앙선 추출 알고리즘을 사용한다. 또한, 건물이나 호수 등은 대축척에서는 면으로 지도화되지만, 소축척에서는 형태가 점으로 축약한다. 이런 경우, 축약화는 건물이나 호수의 무게 중심을 계산하여 찾는다.

3) 단순화와 완만화(simplification and enhancement)

단순화는 등고선, 해안선, 경계, 하계망 등과 같이 선의 형태가 복잡한 지도요소들이 축척의 감소에 따라 단조롭게 되면서 완만해지는 것이다(그림 14의 단순화와 완만화). 대축척에서의 선의 굴곡을 단순화시키지 않고 소축척에서 그대로 유지하면 복잡해지고 선들이 붙어버리는 경우가 발생한다. 또한, 선의 단순화 정도가 커지면 선이 부드럽지 못하게 되는 문제가 발생한다. 선형요소는 다른 지도요소들에 비해 연속성을 갖기 때문에 알고리즘을 적용하기 쉽다. 그러나 단순화와 완만화 알고리즘은 선형요소의 수평변위 오차를 일으키는 문제와 현상의 지리적 특징을 약화시키는 경향이 있어 임계치 설정에 대한 다양한 경험적인 연구가 요구된다.

　지도를 구성하는 정보의 대부분은 선으로 표현되기 때문에, 선을 단순화시키
거나 완만화시키는 알고리즘은 인간에 의해 의도적으로 만들어진 인공지물을
제외하고는 적용 가능하다. 따라서 알고리즘 적용을 위해 다양한 선형요소들을
대상으로 적용할 수 있는 기준설정이 필요하다.

4) 선택(selection)

　값이나 면적을 계산할 수 있는 지도요소들 중 선택은 지도제작 기준에 따라
축척별로 선택할 때 적용되는 유형이다(그림 14의 선택). 고유한 값을 가지는
등고선 또한 축척별로 간격이 정해져 있으므로 선택이 필요하다. 건물의 경우,
일정한 면적 이상은 축약하지 않고 독립건물로 선택하여 그린다. 지리적으로
중요한 지도요소들에 대해서는 연구자의 주관적 판단에 의거하여 선택한다.

5) 과장(exaggeration)

　과장은 지리적 역할이 크거나 특수한 현상들에 대해, 실제 크기로 지도화를
하면 현상들을 파악할 수 없을 정도로 작게 그려지는 경우에 적용되는 유형이
다(그림 14의 과장). 도로와 같이 인간의 활동과 관련하여 기능적 역할을 하는
요소들은 과장하지 않으면 지도상에서 너무 작기 때문이다.

　그러나 수치지형도에서 도로는 실폭으로 표현되므로 과장할 필요가 없다. 다
만 주제도상에서 도로의 중심선만을 사용할 경우에는 도로를 과장한다. 과장의
기준은 없지만 연구자의 판단에 따라 다른 지도요소들과 겹치거나 방해되지
않도록 처리한다.

　농경지대의 저수지, 카르스트 지형 등은 규모가 작아 소축척에서는 표현할
수 없다. 그러나 이들은 농경활동에 있어 관개 역할을 하기 때문에 최소한의

개수라도 그려 넣는다. 반면에, 카르스트 지형과 같이 특수하게 나타나는 지형들도 현상을 유지할 수 있도록 과장하여 지도화할 필요가 있다.

6) 대표화(typification)

대표화는 단일 지역 내에 여러 개의 동일한 지도요소들이 존재할 때, 그 지역을 대표할 만한 지도요소를 선택해서 지도화하는 것이다(그림 14의 대표화). 건물의 밀도가 낮은 시가지에서는 건물들을 전부 표현할 수 없기 때문에 중요한 것만 지도화한다. 대표화는 지도요소의 크기보다는 지리적 중요성에 따라서 결정되므로 연구자의 판단이 중요하다.

7) 연결관계(connectivity)

다른 지도요소들과 공간적으로 연결관계에 있는 요소들은 일정 기준 이하의 길이나 면적을 갖더라도 지도에 표현한다(그림 14의 연결관계). 하천 삭제의 경우, 연장선이 기준 이하이면 무조건 삭제해야 되지만 호수나 저수지와 연결되어 있는 하계망은 제거하지 않고 그린다. 도로의 경우에도 소축척에서 대부분의 소로는 제거하지만 촌락이나 관광지를 연결하는 소로들은 지형도에 표현한다.

8) 고유성 유지(uniqueness)

고유성 유지는 일반화 정도와는 역의 관계에 있는 유형이다. 일반화 정도가 높아지면서 지도요소들이 갖는 지리적 특성들이 약화되는데, 일반화를 하되 지리적 고유성을 유지할 수 있는 방법이 필요하다(그림 14의 고유성). 형태를 통해서 형성 과정을 파악할 수 있는 해안선, 하천, 등고선의 경우는, 지형요소들을 축척에 맞추어 일반화를 시키면 지리적 고유성을 잃게 만든다. 따라서 해안선과 하천은 만의 출입과 단층 등을 유지하면서 일반화해야 필요성이 있고, 등고선은 간격과 굴곡을 조정하여 일반화해야 지형요소들이 표현된다.

이상, 8가지의 일반화 유형과 기준을 살펴보았다. 과장화와 대표화는 자동화에 의한 일반화가 어려우므로, 일반화 진행 과정에서 연구자의 질의에 따라서 처리해야 된다. 반면에 삭제, 선택, 집단화, 연결관계는 공간적 질의어(SQL: spatial query language)를 사용하여 일반화할 수 있고, 단순화, 축약화, 집단화, 고유성 유지는 알고리즘을 적용한 자동화된 일반화가 가능하다. 그러나 일반화 규칙을 적용할 때는 일반화 유형들이 복합적으로 적용된다.

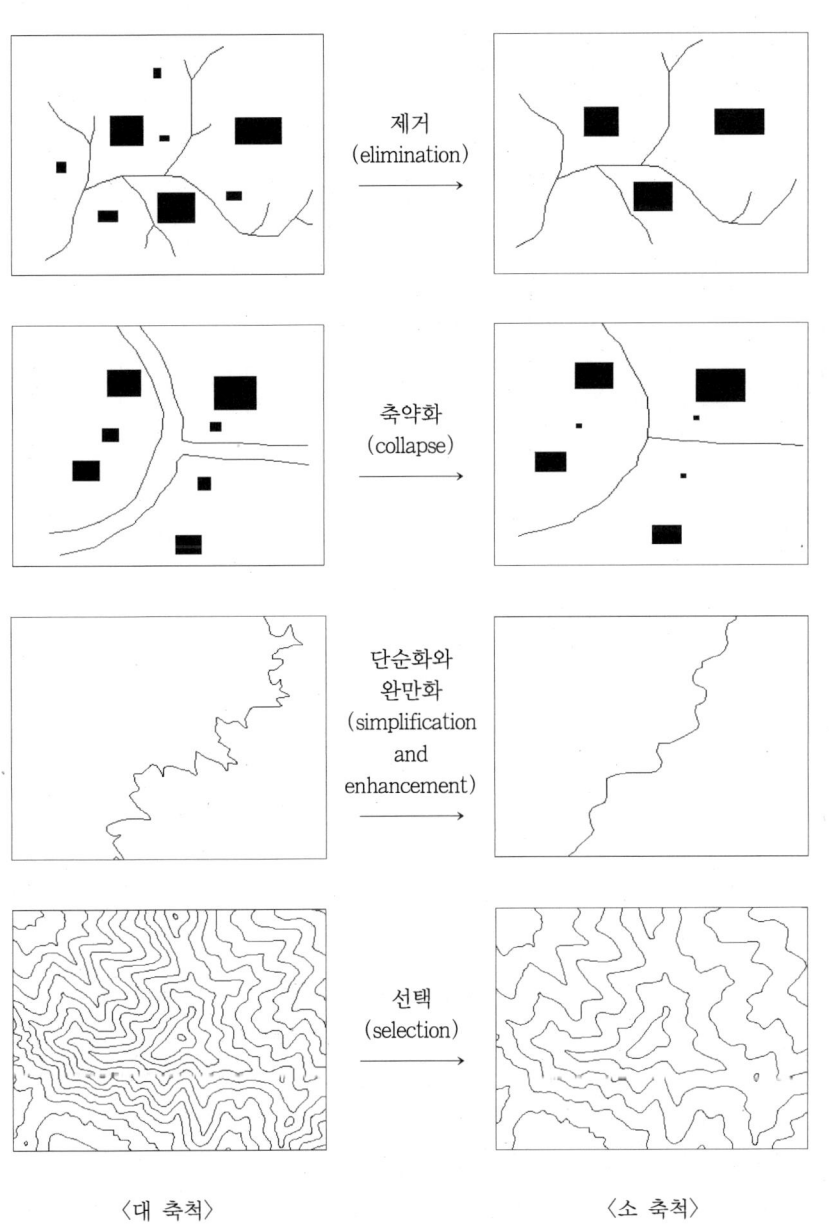

〈대 축척〉   〈소 축척〉

그림 14. 일반화의 유형

과장화
(exaggeration)

대표화
(typification)

연결관계
(connectivity)

고유성
(uniqueness)

〈대 축척〉   〈소 축척〉

그림 14. 일반화의 유형 (계속)

제3장 지도요소일반화를 위한 규칙기반 모델링

규칙기반 일반화는 다양한 지도요소들을 대상으로 적용하기 때문에 왜, 언제, 어떻게 일반화를 적용할 것인가에 대한 방법론적인 검토가 필요하다 (McMaster, 1991; 황철수·오충원, 2002). 이 과정은 인간이 수행하는 일반화의 원리를 공학적으로 적용할 수 있는 틀을 제공해 줄 수 있다(Mark, 1991; Richardson and Müller, 1991; Lee, 1995; Kreveld et al., 1997). 일반화의 절차를 개념화하여 도식적으로 정리한 것이 일반화 모델인데, 이는 일반화의 우선순위, 적용범위, 적용 방법 등에 따라 지도요소별 일반화 모델로 구체화될 수 있다.

일반화 모델은 지리정보시스템에 적용 가능한 일반화 규칙들을 공간객체 모델링으로 통합시켜, 일반화는 물론 다양한 목적으로 응용하려는 연구가 진행 중이다(이호남, 1996; Becker et al., 1997; Cho et al., 1997; John and Smaalen, 1997; Imhof, 2000; Kang et al., 2002). 그러나 이러한 연구들은 현상을 지리적으로 일반화시키기보다는 공간데이터를 위한 일반화로 지향되어 있다(Armstrong, 1991; Nickerson, 1991; Richardson, 1999). 또한, 국가마다 표준화된 축척 및 지도제작 기준의 차이 때문에, 기존의 모델들을 직접적으로 적용하기에는 어려움이 있다.

규칙기반 모델에서 가장 중요한 것은 규칙의 설정과 적용 절차를 어떻게 진행하느냐이다. 이에, 본 연구에서는 규칙기반 모델 방법론 중에서 규칙의 설정과 처리에 방법에 대한 장점을 갖고 있는 Brassel and Weibel(1988) 모델을 재구성하여 적용하였다(Buttenfield, 1991; 이호남, 1996)(그림 15). 그림 15에서와 같이 Brassel and Weibel(1988) 모델은 일반화에 필요한 규칙과 공간데이타의 구조화 및 이들의 처리 과정을 5단계로 나누고 있다. 이 모델은 일반화 규칙에 있어 목적과 축척에 따라 처리조건을 제시하여 일반화를 적용할 수 있는 방법을 논하고 있다.

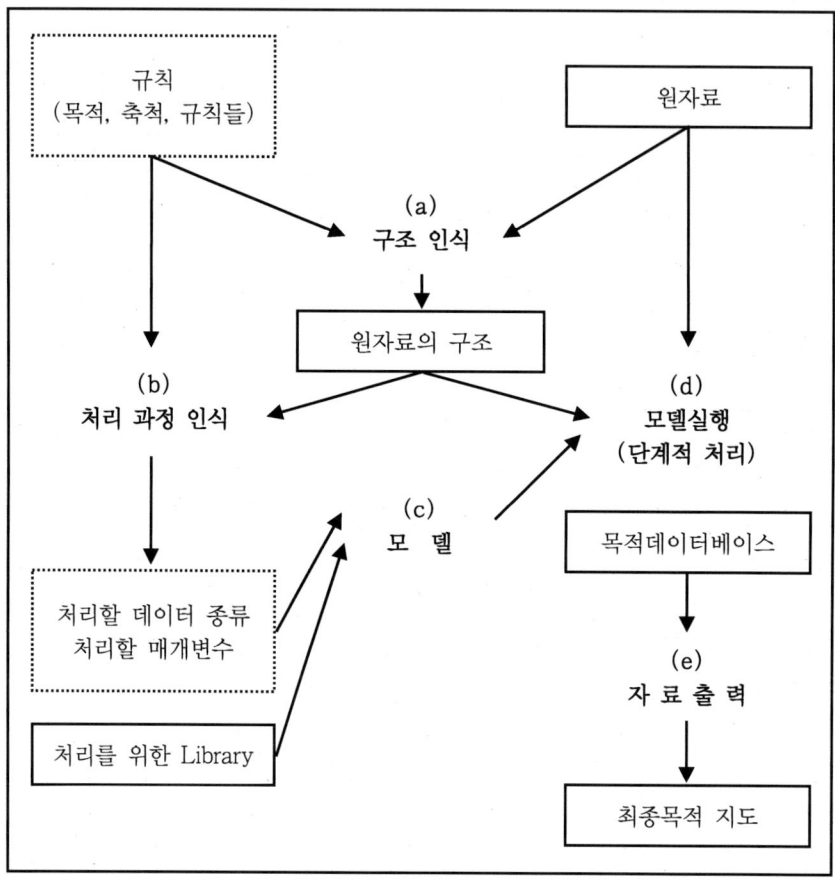

그림 15. Brassel and Weibel의 일반화 모델

본 연구에서 재구성한 모델에서 강조되는 점은 지도요소의 지도학, 지리학적 관점에 의한 분석이고, 다른 하나는 지도 분석에 의해 유형화된 원리에 따라 일반화 규칙을 만들고 이를 공간데이타의 일반화에 적용하는 과정이다.

지리적 분석은 지도요소의 공간적 패턴, 지도학적 형태 변화, 지리적 특성의 변화를 중심으로 일반화를 위한 원리를 분석하는 것이다. 공간적 패턴은 지도 상에서 지도요소들이 공간관계에 따라 나타나는 유형을 정리하는 단계이다. 공간적 유형은 일반화에 따른 지도요소의 공간적 배열과 지도화의 우선순위 결정에 도움이 된다. 지도학적 형태 변화 측면은 축척에 따른 지도요소의 형태에 대한 변형 분석이다. 여기서는 기존의 규칙기반 일반화에서 진행하는 지도와 문서 분석 등의 방법을 사용하되, 지도요소의 크기, 길이, 강조, 공간적 관계 등을 정량적으로 분석한다. 반면에, 지리적 특성의 변화는 축척 감소에 따른 지리적 고유성의 반영 정도를 정성적으로 분석하는 것인데, 지도요소의 지리적 특성에 따라 형태변화 정도가 결정되기 때문이다(Bossler, 1988; Armstrong, 1991; Argilas and Miliaresis, 1997; Atkinson and Martin, 2000). 이상의 지리적 분석으로 지도요소들의 일반화를 위한 유형과 기준을 마련할 수 있게 된다.

공간데이타 측면에서는, 디지털 환경하에서 지리요소들의 공간적 관계가 어떻게 구성되고 계층화되어야 하는지에 대한 논리적 구조의 분석이 필요하다 (Brassel and Weibel, 1988).

지리적 공간관계에 의한 지도요소들의 모델 구축을 위해서는 수치지형도를 구성하는 지도요소들이 계층적 구조를 가져야 한다(John and Smaalen, 1997; Peng and Tempfli, 1997). 그러나 우리나라의 수치지형도는 위상정보를 구성하지 않은 채 좌표 값에 의해 지도요소를 표현하는 스파게티 모형(spaghetti model)이다(Rigaux et al., 2002). 이 방식은 CAD에 적용하기 쉬우므로, DXF(drawing exchange format)의 자료구조로 저장되어 있다. 따라서 지도요소들에 대한 위상관계를 구축하기 위해, 지리적 관계에 의한 layer별로 수치지형도의 정보를 계층화해야 한다. 지도요소를 구성하는 공간객체늘의 관계를 표현하는 위상구조는 규칙이나 알고리즘에 의한 일반화 적용 시 발생할 수 있는 공간정보의 오류를 최소화시킨다.

지도요소들에 대한 구조 분석 및 이들의 일반화 규칙과 알고리즘 적용 방법이 정립되면 일반화 모델을 세울 수 있다(Müller et al., 1995).

1. 규칙기반 모델의 개념적 구성

규칙기반 일반화 모델은 다음과 같은 사항들을 고려하여 구성할 필요성이 있다.

첫째, 효율성을 고려해야 한다. 일반화는 모델을 컴퓨터에 적용하기 때문에 처리의 신속성이 요구된다. 수작업과 비교하여 시간이 너무 오래 걸리거나 정확성이 떨어진다면 모델 적용에 문제가 있다.

두 번째로, 일반화된 지도요소들은 지도학적으로 논리적 일관성이 필요하다. 일반화 후에 흔히 지도정보들의 공간관계가 오류를 일으키는 경우가 많다. 일반화 전·후에 행정구역이나 도로망, 건물 등의 지도요소들 사이에서 공간적 관계나 질서가 바뀌는 경우가 흔히 있기 때문이다.

세 번째, 축척 변화에 따라 지도화되는 지도요소의 양이나 형태가 일정하게 변하도록 고려해야 한다.

네 번째, 일반화 모델은 자동화를 지향하기 때문에 처리와 구성절차가 시스템 설계에 적합해야 한다. 너무 복잡하거나 인간의 언어 논리에 의한 모델은 컴퓨터에 적용하기 어렵다.

이와 같은 조건을 만족할 수 있도록 모델은 일반도, 주제도, 특수도를 제작할 수 있도록 구성하였다(그림 16).

모델구성의 첫째 단계에서, 지도와 문서 분석은 일반화에 필요한 정보들을 수집하여 정리하는 과정이다. 분석은 수치지형도 및 지형도 분석, 지도제작 지침서 등을 대상으로, 지도요소의 지도학적 형태변화와 공간적 특성을 중심으로 진행한다. 분석에서 획득된 정보를 바탕으로 일반화 원리를 도출하게 된다.

두 번째, 지리정보들의 공간데이타 구조를 분석한다(McMaster, 1991). 구조 분석에서는 지도 분석의 결과에 따라 지도요소들을 계층화하여 속성정보화와 위상정보화해야 한다(Rigaux et al., 2002). 지도요소들의 공간적 관계는 지리적인 중요도를 결정하며, 일반화 시 선택 기준으로서의 역할을 한다.

다음으로는, 각 지도요소들을 언제, 왜, 어떻게, 어떤 목적으로 일반화해야 하는지에 대한 지도화 과정의 분석이 필요하다(McMaster, 1991). 이 과정은 지도 분석 결과 나타난 지리적 고유성 및 공간적 패턴 측면에서의 지도 분석 결과와 병행하여 이루어진다. 따라서 지도화 처리 과정 분석은 일반화규칙을 만들 수 있게 해준다. 일반화 규칙은 일반도, 주제도, 특수도에 따라 조건-결과 처리 구문으로 정리된다(Shea, 1991).

다음으로 일반화규칙에 따라 적용되는 일반화 유형별 알고리즘을 개발한다. 이는 일반화 유형에 따라 지도요소별로 적용하는 일반화 기준과 방법이 다르기 때문이다. 유형에 따라 알고리즘 개발이 완성되면, 공간적 관계에 따른 일반화 우선순위를 결정한다. 예를 들면, 행정구역을 단순화하기 위해서는 행정구역을 일반화 대상으로 적용하되, 행정구역 내에 존재하는 촌락이나 건물들의 연결관계를 우선 고려 대상으로 해야 일반화된 후의 논리적 오류를 피할 수 있다. 일반화 정도에 따라 지리적 분포를 갖는 사상들의 상대적 위치가 바뀔 수 있기 때문이다.

모델의 마지막 단계는 일반화의 적용이다. 여기에서는, 규칙구문에 따라 선택, 제거, 과장, 이동, 집단화, 단순화 등의 알고리즘을 적용한다. 마지막으로, 데이터의 물리적, 논리적 오류를 검사하여 문제점이 발견되지 않는 동시에 지리적 고유성과 공간적 패턴이 잘 드러나면 일반화된 지도가 완성된다.

주제도제작을 위한 모델도 일반도제작과 동일한 과정으로 진행된다. 다만, 처리 과정 분석에서 지도요소들을 지리정보 단위로 만드는 단계가 있다. 주제도는 단일 지리정보를 지도화하는 것이 아니고 주제와 연관된 정보들을 함께 지도화하므로 지도요소들 간의 지리적 관계와 의미를 파악하는 단계를 거친다. 예를 들어, 도로망도의 경우, 도로, 도로시설, 문화 관광지, 시가지 등이 연관되어 한 단위로서 표현되어야 한다. 주제별 단위에 의해 일반화된 일차 지도가 완성되면, 공간 분석을 통한 이차 지도제작이 가능하다.

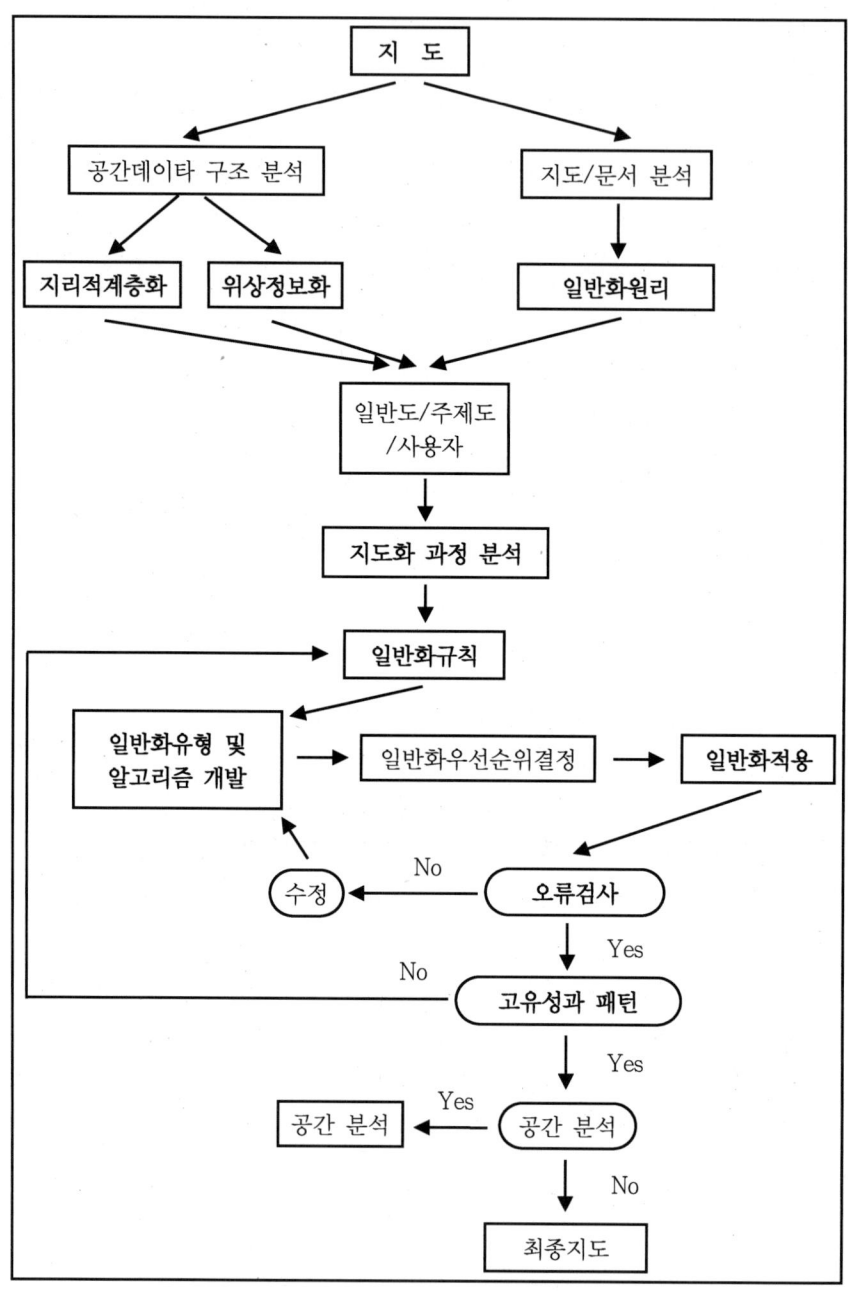

그림 16. 규칙기반 일반화 모델

2. 지도요소의 공간적 관계

1) 지리적 계층관계

수치지형도를 구성하는 지도요소들은 완전한 계층구조를 갖고 있지 않기 때문에 시스템 설계나 논리적 구조화를 위해서 재구성해야 한다(황철수, 1998). 논리적 계층성이 부족한 지도요소들을 계층화시키기 위해서는 지도요소들 간의 공간적 관계를 의미관계(semantic network)에 따라 분석하여 재구성하는 것이 현실적이다(Cheng, 2001; Kang et al., 2002; Rigaux et al., 2002).

국립지리원에서 제작된 수치지형도의 레이어 코드(layer code) 체계는 단순하게 계층화되어 있다(표 14). 수치지형도의 분류코드는 지형정보에 따라 9가지의 대분류 체계를 가지며, 하위단위로 가면서 대, 중, 소, 세 분류로 나뉘어진다. 수치지형도를 구성하고 있는 지도요소들은 지리적인 연결관계 즉, Is-a-Part-of 또는 Is-a-Kind-of를 통해 계층적으로 조직할 수 있다(그림 17)(김진덕, 1995; 최신영, 1999).

지리적 계층관계에 따라 지리요소들에 대한 일반화 적용 원리를 찾을 수 있다. Is-a-Kind-of 관계에서는, 상위 계층으로 갈수록 일반화 정도가 낮아지고 하위로 갈수록 일반화 정도가 높아져 추상성이 커진다. Is-a-Part-of 관계는 일반화 시 공간적 관계를 고려할 수 있는 요소들이다. 지리정보의 구성성분(component)관계는 선택에 의한 삭제나 과장, Is-a-Kind-of 관계는 삭제, 단순화, 대표화, Is-a-Part-of 관계는 연결관계에 의한 일반화가 적합하다.

지리공간 데이터베이스에서는 계층적 구조화에 의한 단일 레이어에 대해서 일반화를 진행하되, 단일 레이어와 연결관계에 있는 지도요소들을 참조한 복합적 일반화가 가능하다. 이는 위상관계 별로 공간정보들의 관계를 계층화할 수 있기 때문이다.

지리적 관계에 의한 수치지형도 내 지도요소들의 계층적 구조는 다음과 같이 표현될 수 있다(그림 18).

표 14. 수치지형도 지형정보 분류체계

대분류		중분류		소분류		세분류	
코 드	내 용	코 드	내 용	코 드	내 용	코 드	내 용
1	철 도	11	선 로	111	실폭도로	1111	보통철도
						1112	특수철도
						1113	터널안 철도
				112	도면제작용선로 (철도)	1121	복선철도
						1122	정거장
		12	철도시설	121	철 교	1211	철 교
						1212	고가부
				122	편의시설 기타	....	....
2	하 천	21	수 부	211	하 천	....	....
		22	하천시설	221	제 방	....	....
		23	수부지형	232	기 호	....	....

자료: 국립지리원 표준코드, 2000

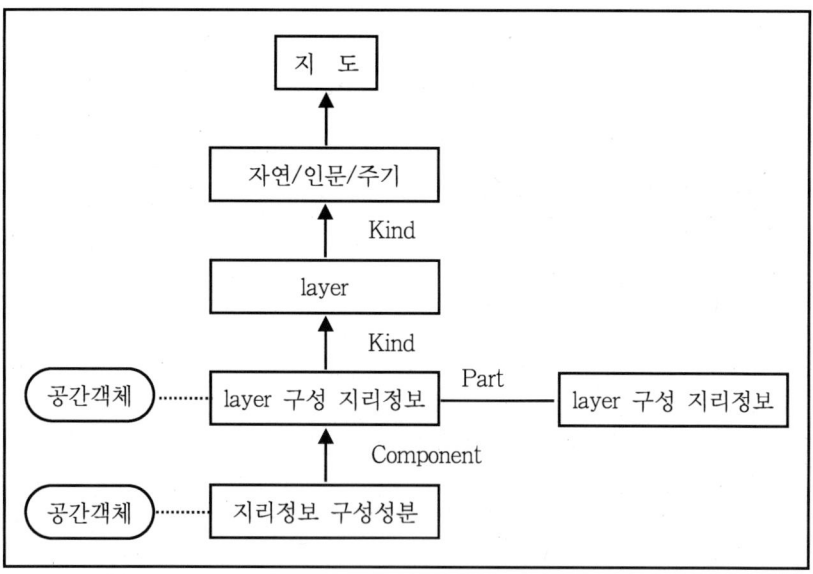

그림 17. 수치지형도의 계층적 구조

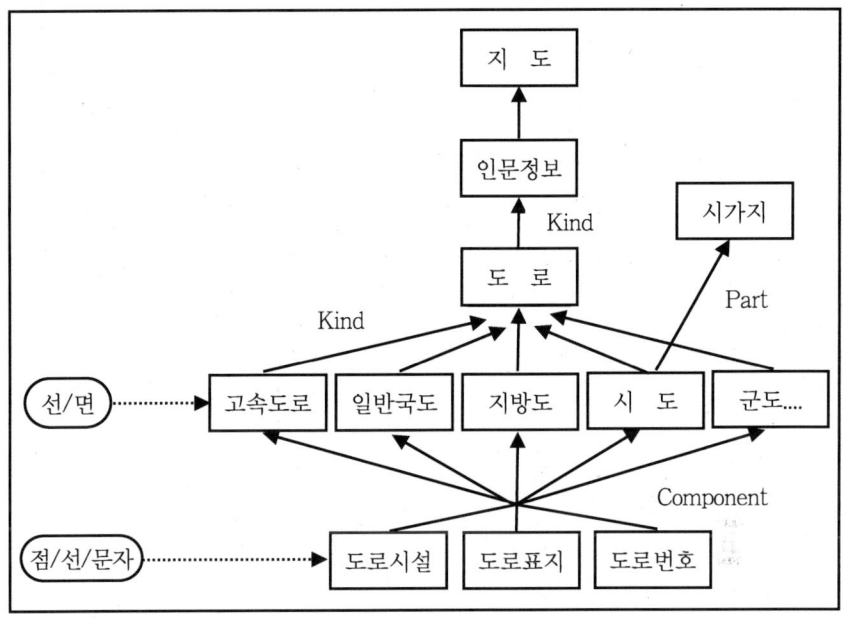

그림 18. 도로의 계층적 구조

예를 들어, 도로는 인문지리정보에 해당하는 동시에, 수치지형도의 레이어에 해당된다. 또한, 도로의 레이어를 구성하는 지리정보에는 고속도로, 일반도, 국도 등이 있으며, 도로를 구성하는 공간객체는 선이다. 각각의 도로 정보들은 도로시설, 도로표지판과 도로번호와 같은 성분으로 구성되어 있다. 도로 시설을 구성하는 객체들은 점, 선, 문자로 구성되어 있다. 그런데 시가지 도로의 경우는 도시의 한 부분을 구성하는 공간객체도 될 수 있다.

2) 지리적 계층관계의 위상정보화

위상정보는, 좌표로 표현되는 기하학적 정보와 달리 지도요소를 구성하는 객체들의 공간관계를 구조화한 것이다. 지도요소들이 체계적인 공간관계로 위상정보화되면, 데이터베이스에 의한 일반화는 물론 정보들 간의 관계를 이용하여 다양한 공간 분석을 할 수 있다. 예를 들어, 소방서에서 재난 장소까지의 최단 거리를 찾을 때, 도로와 공간적 관계에 있는 위상정보들이 준비되어야 한다. 즉, 도로와 연결된 다른 최단거리 도로를 통해 최적경로를 찾을 수 있기 때문이다. 또한, 두 도시 간의 거리를 계산할 때도 공간적 관계에 따라 계산이 이루어진다.

지도요소들을 공간 객체화시켜 컴퓨터로 저장하는 방법은 크게 점(point), 노드(node), 선(line), 면(polygon)의 4가지로 분류할 수 있으며, 각 공간객체들의 물리적인 구조는 다음과 같이 구성된다.

점은 x, y로 구성된 단일요소로서 공간적인 위상관계를 갖지 않는 정보들을 표현한다. 노드는 선이 연결되고 다시 분리되어 나가는 지점 또는 선의 끝을 연결할 때 사용된다. 선은 출발 노드와 끝나는 노드로 표현된다. 선을 구성하는 중간의 자료점(vertex point)은 위상관계가 없는 단순 자료점이다. 면의 한 부분을 이루는 선은 면의 edge로서의 역할을 한다. 폴리곤은 노드에서 출발하여 자료점으로 연결되고 다시 출발점 노드에서 끝나는 폐합 구조를 갖는다.

공간객체들은 좌표값뿐만 아니라, 공간적 관계를 저장하여 위상정보를 만들 수 있다. 공간객체의 관계를 표현하는 방법에는 객체들의 논리적 공간관계와 물리적 공간관계의 두 가지가 있다.

공간객체들의 논리적인 관계는 지도요소를 구성하는 공간정보들의 위치관계를 말한다. 지도요소들의 공간적 관계는 점과 선, 점과 면, 선과 선, 선과 면, 면과 면의 5가지 관계로 나누어진다(표 15)(정보기술교육원, 1998).

점과 선관계의 예로서 두 도시를 잇는 도로가 있을 때, 두 도시는 점으로서 선과 인접관계에 있다고 볼 수 있다. 도로상에 노드로서 존재하는 도시들은 포함관계에 있다.

점과 면관계의 경우, 행정구역 내에 존재하는 장소는 점으로서 포함관계에 있다. 그리고 행정구역을 표현하는 면의 물리적 구조를 만드는 출발점과 종착점은 꼭지점관계에 있다.

선과 선관계에서, 도로가 만나는 곳은 교차관계에 있으며, 도로와 근거리 하천, 도로와 근거리 도로, 하천과 근거리 하천관계 등은 인접관계의 예이다. 선과 면 관계에는 도로나 하천이 도시지역을 지나는 통과관계, 건물·주택과 같이 폴리곤을 구성하는 선 등의 edge 관계가 있다. 면과 면관계는 건물과 도시의 블록에서와 같이 인접관계 및 포함관계에 있는 경우이다.

표 15. 공간객체들의 위상관계

공간객체	위상관계의 종류
점과 선	인접관계, 포함관계
점과 면	포함관계, 꼭지점
선과 선	인접관계, 교차관계
선과 면	통과관계, edge관계
면과 면	인접관계, 중첩관계, 포함, 피포함관계

자료: 정보기술교육원, 1998

공간객체들의 논리적인 공간관계는, 규칙기반 일반화 시에 SQL 질의어를 사용하여 찾을 수 있다. 예를 들어, 점과 선의 관계에서, 1 : 50,000지도의 일반화 규칙에서 "다른 지도요소들과 연결관계에 있는 소로는 삭제하지 않는다."를 조건-결과처리 일반화 규칙구문으로 표현하면,

if 마을로 연결되는 소로가 있으면,
then 소로는 삭제하지 않는다.

이때, 소로와 마을의 연결관계는 SQL 분석을 통해 찾을 수 있다. 즉, 소로의 마을 및 중요한 지도요소들의 연결관계 여부는 SQL 질의어를 사용한 공간연산으로 찾는다.

물리적 관계에 대한 위상정보화는 점, 선, 면을 구성하는 공간객체들의 기하학적 구조, 즉 출발과 끝, edge의 좌우, 폴리곤의 좌우 등에 의해 관계를 표현하는 구조이다(정보기술교육원, 1998). 이러한 위상정보는, GIS 소프트웨어 또는 객체들이 공간적 관계를 저장하는 방식에 따라 차이가 있지만, 대체로 공간적 관계를 바탕으로 데이터베이스에 저장된다.

객체들의 공간적 관계는 간단하면서도 효율적으로 표현하고 저장할 수 있는 방법이 이상적이다. 이에 가까운 방법이 Arcinfo의 Arc-node에 의한 공간객체 위상정보화이다. Arc-node 관계에 따라 정의되는 공간관계 모델은 Polygon-edge, Polygon-point, Edge-point이다(Kang et al., 2002; 그림 19). Edge-point관계는 출발점과 끝점으로 표현되고, Polygon-point관계는 포함관계에 의해, Polygon-edge의 관계는 좌우관계로 정의된다. Arc-node의 모델은 연결성 (connectivity), 인접성(contiguity), 면(area)의 3가지 형태로 데이터베이스에 저장된다.

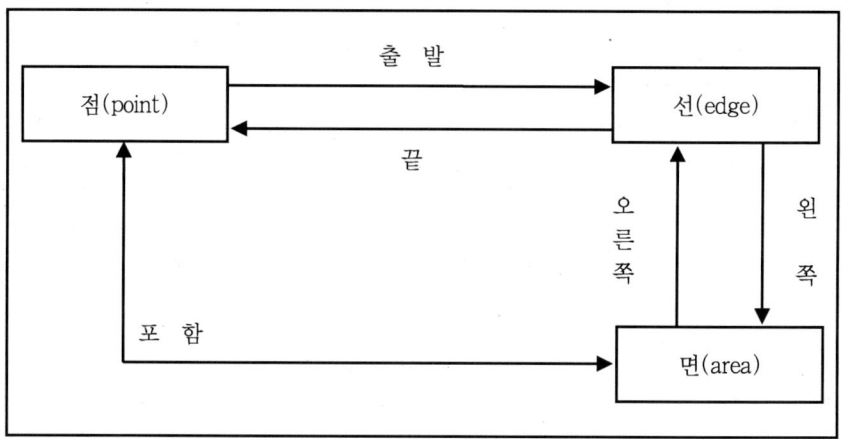

그림 19. Arcinfo의 위상모델(Kang et al., 2002, 재인용)

그림 20에서 Arc-node에 의해 표현되는 연결관계는 출발점과 끝점으로 위상관계를 저장한다(표 16). 선 L1은 점 N1에서 출발하여 N2로 끝나는 연결관계를 저장한다.

인접성(contiguity)관계는 선의 연결관계와 같이 노드를 정의하고, 선의 연결관계에 따라 좌우 폴리곤의 인접관계를 관리한다(표 17). 선 L1의 왼쪽 폴리곤은 PL2, 오른쪽 폴리곤은 PL3로 저장되는데, 좌우 폴리곤 지정은 선의 출발점을 기준으로 찾게 된다.

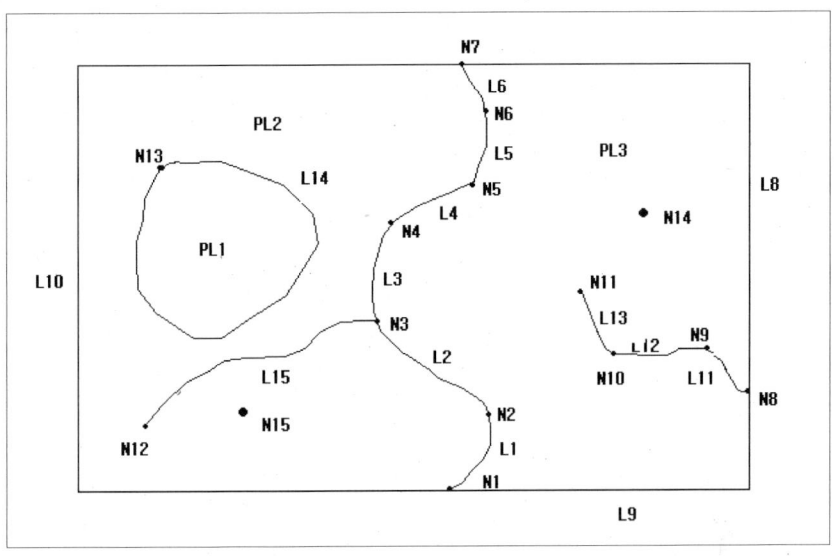

그림 20. 공간객체들의 위상관계

표 16. 선의 연결관계

Arc#	Fnode	Tnode
L1	N1	N2
L2	N2	N3
L13	N11	N12
L14	N13	N13

표 17. 인접한 선의 공간적 위상관계

Arc#	Fnode	Tnode	Lpoly	Rpoly
L1	N1	N 2	PL2	PL3
L2	N2	N 3	PL2	PL3
L13	N11	N12	PL3	PL3
L14	N13	N13	PL2	PL1

표 18. 폴리곤의 공간적 위상관계

Poly#	Line#
PL1	L14
PL2	L1, L2, L3, L4, L5, L6, L10
PL3	L1, L2, L3, L4, L5, L6, L8, L9

area로 정의되는 면의 위상관계는 polygon-arc 관계에 따른 선의 조합으로 정의된다. 즉, 면 PL1을 구성하는 선은 L14, PL2를 구성하는 선은 L1~L6, 및 L10으로 구성된다(표 18).

공간객체들의 위상정보화는 주로 프로그램 설계에 이용되는데, 객체들의 공간관계와 논리적 공간관계를 고려한 일반화에도 활용될 수 있다. 위상정보는 단일 레이어에 대한 일반화보다는 다른 지도요소들과의 지리적 관계를 고려한 일반화에 적합하다.

위상관계 구축은 Arcinfo를 이용하였으며 선이나 경계 일반화 시 발생되는 논리적 오류를 제거하기 위해, 선을 구성하는 자료점을 노드로 추출한 후 이를 이용한 이차적인 위상관계를 구축하였다. 자료점들은 위상관계가 없지만 선 또는 면요소들을 단순화거나 축약할 때 객체의 공간관계 참조를 위해 자료점들만 뽑아 위상정보를 생성하였다.

3. 지도요소의 일반화 규칙

일반화를 위한 지도학 및 지리학적 정보들은 일반화규칙으로 정리될 수 있다. 일반화 규칙은 축척별 지도요소들의 형태, 크기, 지도화 방법 등에 대한 정리, 그리고 이들이 다른 지도요소들과 조화를 이루면서 드러나는 공간적 특징들을 포함한다.

지도요소의 일반화규칙은 일반도, 주제도, 특수도, 제작이나 분석에 직접적으

로 사용될 수 있다. 본 연구에서 정리된 일반화 규칙은 표 19와 같다. 표 19의
일반화 규칙들은 지도학 관점과 지리학적인 관점에서 적용가능한 일반화를 정
리한 것이다.

표 19. 하천의 일반화 규칙

	1:5,000	1:25,000	50,000
포함되는 지도요소	• 하천은 호수 및 저수지, 범람원, 용수로 및 건천 등을 포함하며 호, 수제 및 보, 선착장 등의 시설물을 포함한다.		
표시 원칙	• 3m 이상은 실폭으 로, 3m 미만은 중심 선으로 표시한다. • 연장선이 5m 이하 는 생략한다.	• 6m 이상은 실폭으 로, 6m 미만은 중 심선으로 표시한다. • 연장선이 200m 이 하는 생략한다.	• 6m 이상은 실폭으 로, 6m 미만은 중 심선으로 표시한다. • 연장선이 250m 이 하는 생략한다.
호 수	• 호수는 면적 25m^2 이상을 표시한다	• 호수는 면적 625m^2 이상을 표시한다	• 호수는 면적 2,500m^2 이상을 표시한다
일반화	• 일반화는 차수별 하계망의 크기에 따르되 위치변동이 발생하지 않 도록 한다.		
과장화	• 하천은 차수별로 과장하여 지도화하되 지리적 중요성이 큰 것들은 차상위 하천과 같은 급으로 과장한다.		
지리적인 특징을 위한 지도화	• 하천의 굴곡,grid pattern과 같이 하계망 발달의 원인을 설명해 줄 수 있는 주요 형태적 특징은 일반화되어도 표현되도록 한다. • 하천은 정량적 표현 원칙을 따르되, 호수와 연결되는 하천은 기 준 이하일지라도 표시한다. • 농업생활에 의존도가 높은 호수는 기준 이하의 크기라도 적당한 분 포패턴을 갖도록 표시한다.		

자료: 지도도식규칙, 1994; 수치지도 작성내규, 1995; 시형노 분석 결과를 재구싱

규칙기반 일반화모델에서 일반화 규칙은 컴퓨터가 인식할 수 있는 문장으
로 전환해야 한다. 일반화 구문은 지도요소들의 축척 변동에 따른 조건
(condition)제시와 이에 대한 결과의 처리(consequence)로 구성된다. 표현 방
법은 다음과 같다.

IF 〈조건〉-THEN 〈결과의 처리〉

Shea(1991)는 조건(conditions), 적용(actions), 요구(requirements)의 3가지 측면으로 구조화하여 정성적 측면과 정량적 측면의 일반화 규칙 구문 작성 방법을 제안하였다. 지도에 대한 요구사항이 있으면, 조건을 검토하고 그에 따라 일반화를 적용하는 모델이다(그림 21).

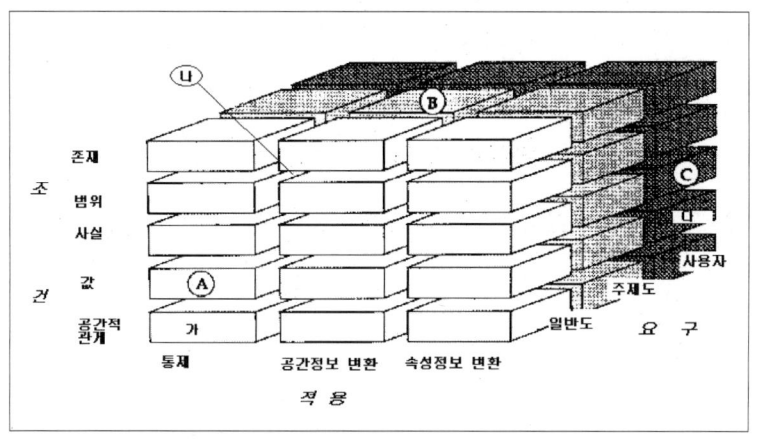

그림 21. 일반화 규칙을 위한 구조(Shea, 1991)

요구는 일반화해야 할 지도의 목적이며, 일반도, 주제도, 그리고 특수도 의한 지도로 나누어진다. 이 요구에 따라 조건을 검토하게 된다.

조건은 5가지 유형으로 나누어지는데, 존재는 지도요소의 존재유무, 범위는 현저하게 특징적인 지도요소의 공간적 분포, 사실은 어떤 사실의 진위, 값은 지도요소의 속성 값, 그리고 공간적 관계는 지도요소들의 위상적 공간적 관계 이다. 조건이 확인되면 일반화를 적용하게 되는데, 일반화를 위한 논리적 통제, 공간정보의 변환, 속성정보의 변환의 3가지 형태로 나누어진다.

그림 21의 다이아그램에 따라 Shea는 일반화에 필요한 정보를 규칙 구문으로 만들었다.

정량적 차원(표 20)에서, A는 일반도제작을 위한 요구로서 조건에 대한 값이 주어지면, 통제를 적용하여 일반화를 진행한다. B는 주제도 일반화로, 조건에서 지도요소의 존재 여부를 확인하고 공간적 변형을 적용한다. C는 특수도 일반화로, 조건에서 사실여부를 확인하고 이에 따라 속성정보의 변환을 적용한다.

표 20. 정량적 일반화 규칙구문

A. 일반도 IF <값> THEN <통제>
IF 지도의 축척 > 1:25,000 THEN 건물과 관계된 모든 규칙을 검토해라
B. 주제도 IF <통제> THEN <공간정보 변형>
IF 철도가 존재한다면 THEN 다른 사상들을 3.0mm 이동시켜라
C. 특수도 IF <사실> THEN<속성정보 변형>
IF 가스 주유소의 위치가 기록되어 있지 않다면 THEN 가스차량의 주유소 속성을 변경해라

정성적 차원(표 21)에서, 겹침, 충돌, 밀집, 불일치, 미확인 조건 등이 필요한 지도요소의 일반화 시에는 조건-결과 일반화규칙으로 처리한다.

표 21. 정성적 일반화 규칙구문

가. 일반도 IF <관계> THEN <공간정보 변형>
IF 도로와 하천 제방이 겹치면 THEN 도로를 이동시켜라
나. 주제도 IF <범위> THEN <통제>
IF 도시의 건물이 밀집되어 있으면 THEN 건물을 집단화해라
다. 사용자 수준 IF <값> THEN <속성정보 변형>
IF 하천의 수위가 기준을 넘으면 THEN 다리의 통행여부 속성자료를 변경해라

　Shea의 일반화규칙 3차원 모델은 양과 질에 따라 일반화 규칙의 구문을 작성해야 한다. 이 구조는 문장 작성이 간결하다는 장점을 가지고 있지만, 지리적 특성이나 공간적 분포패턴에 대한 일반화 규칙 구문을 작성하기 어려운 단점이 있다.

　본 연구에서는 일반화 규칙을 (1) 지도종류 → (2) 조건에 의한 요구사항/지리적 고유성/공간적 패턴/공간관계 → (3) 적용 과정으로 설계하였다(그림 22).

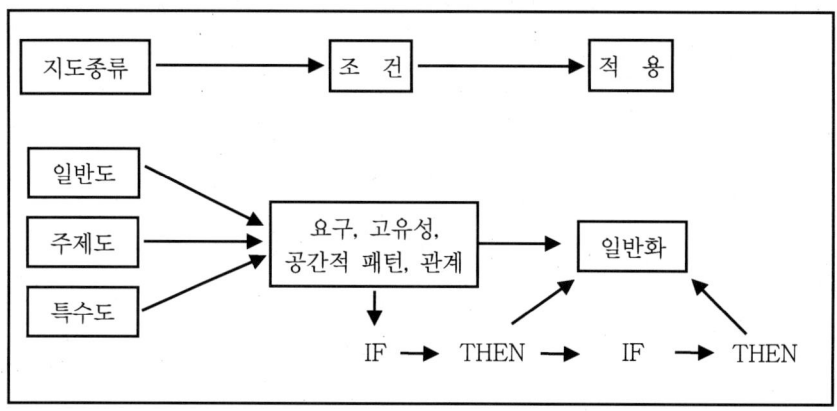

그림 22. 일반화 규칙구문의 개념적 모델

　여기서 조건은 크게 요구사항, 지리적 고유성, 공간적 분포패턴, 연결관계의 네 가지로 나누었다. 요구사항은 적용해야 할 지도요소들의 표현 방법으로서, 기하학적 형태의 표현 방법에 관한 조건에 해당된다. 지리적 고유성은 지도요소별 일반화에 따른 고유성 반영 정도에 대한 조건을, 공간적 분포패턴은 지도화된 지도요소의 공간적 유형을 조건화한 것이다. 공간적 관계는 공간 데이타들의 논리적인 관계를 고려해 일반화 적용 후 발생할 수 있는 오류를 제거하기 위한 조건을 설정한 것이다. 일반화 구문에서는 네 가지 조건을 위한 통합 구문 구성 원리를 세웠다(표 22).

표 22. 하천의 일반화 규칙구문(1:25,000)

일반도 IF<조건> THEN <결과>
IF 차수별 하계망의 속성정보가 존재하는가 　THEN 속성정보화해라 IF 하폭이 6m 이하인 하천이 존재하는가 　THEN 단선화시켜라 IF 면적이 625m^2 이상인 호수나 저수지에 인접한 하계망이 존재하는가 　THEN buffer에 저장해라 IF 1차수가 250m 이하인 하계망이 존재하는가 　THEN 하계망을 제거해라 IF buffer에 저장된 데이터가 존재하는가 　THEN 일반화된 Layer와 buffer에 저장된 하계망을 합쳐라 IF 자료점의 평균 간격이 10m 이하인가 　THEN 단순화와 완만화를 진행해라

4. 주요 지도요소별 일반화 모델

지금까지 규칙기반 일반화에 대한 개념적인 구성과 원리들을 살펴보았다. 지도요소별로 일반화 방법과 적용 원리가 다르기 때문에 개별 지도요소별로 적용가능한 모델을 구성하였다. 본 연구에서는 등고선, 도로, 하천, 건물, 저수지 및 호수, 해안선, 행정경계를 대상으로 하였다.

1) 등고선

등고선 일반화의 처리 모델은 다른 지도요소들보다 복잡하지 않다. 1:5,000의 등고선 간격은 5m이므로 1:25,000과 1:50,000의 등고선 규정에 따라서 일반화 유형 중 "선택"을 적용한다. 등고선은 고도 값에 따른 표현도 중요하지만, 고도 값을 잃지 않도록 속성정보가 데이타베이스에 유지되도록 한다. 그렇

지 않으면 등고선을 이용한 수치고도모델(DEM)과 같은 지형 분석이 불가능
해진다.

　선택된 등고선은 축척에 따라 "단순화"와 "완만화" 알고리즘을 적용한다. 단
순화는 등고선을 이루는 자료점의 수를 제거하여 형태를 단조롭게 만드는 것
이고, 완만화는 단순화된 선을 보기 좋은 곡선으로 만드는 것이다. 여기서 지
나친 단순화와 완만화는 지형면의 형태를 왜곡시킬 우려가 있으므로, 정도에
대한 적절한 선택이 중요하다. 선택 기준은 기존 지형도에서의 등고선 곡률과
복잡성 정도를 비교하여 결정하는 것이 바람직하다.

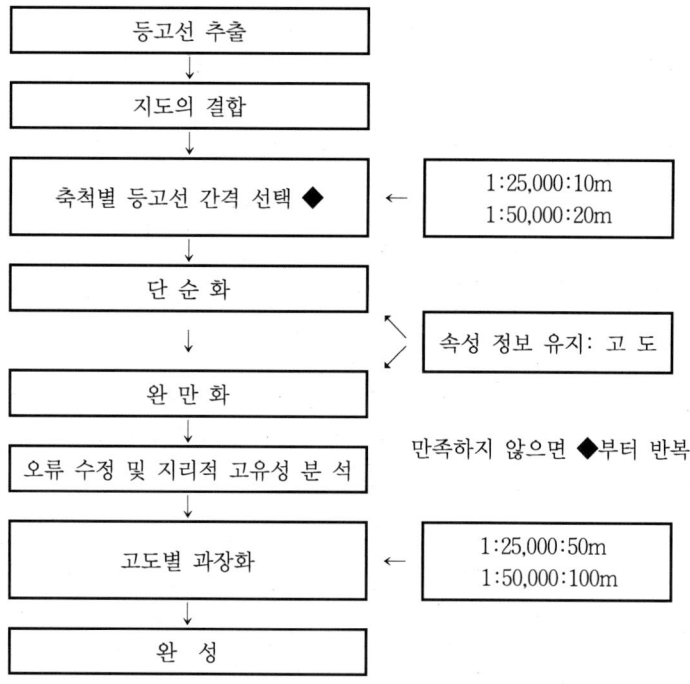

그림 23. 등고선 일반화모델

　오류 수정단계에서는 공간데이타의 처리 과정에서 발생할 수 있는 돌출, 꼬
임, 선의 교차와 충돌에서 발생한 폴리곤 등을 수정하여 제거한다. 지리적 고

유성 분석에서는 일반화 전의 등고선에서 파악할 수 있는 지형요소들과 일반화 후에 파악될 수 있는 지형요소들의 차이를 검토한다. 만약 선의 형태가 지나치게 왜곡되어 지형요소들을 파악할 수 없다면, 일반화 과정을 반복하게 된다. 그런데 지형요소의 표현은 등고선의 간격과도 밀접한 관련이 있으므로, 등고선 일반화 시에는 규정된 고도간격보다 지형요소들을 잘 표현할 수 있는 등고선 간격을 선택하는 것도 바람직하다.

처리모델의 마지막 단계는 축척에 따른 등고선의 과장화이다. 1:25,000은 50m마다, 1:50,000은 100m마다 과장시킨다.

2) 도 로

도로의 일반화는 다른 요소들과의 관련성, 도로의 중요도를 고려한다. 도로는 흐름을 연결하는 역할을 하기 때문에 다른 지도요소들과의 관련성이 중요하다. 지도의 표현에서 가장 작은 단위의 도로는 소로인데, 소로는 다른 도로들에 비해 중요성이 낮다. 그런데 소로들이 마을이나 지리적으로 중요한 지물과 연결되어 있을 때는 일반화 시에 제거하지 않는다. 따라서 도로 일반화 모델에서 먼저 수행해야 할 과정이 소로와 인접한 마을들을 찾는 것이다. 마을과 인접하지 않은 소로들은 중요도가 낮으므로 축척별 선택 기준에 의해 제거해도 된다.

지도에서 일정한 폭 이상의 도로는 실폭으로 표현하거나 과장하여 표시한다. 1:5,000의 수치지형도에서는 폭 3m 이상의 도로를 실폭으로 표현하고 있으나, 1:25,000, 1:50,000에서는 실폭으로 표현하는 기준이 다르므로 기준 이하인 도로들은 단선으로 일반화시킨다.

도로를 선택과 제거 및 단선화시킨 후에는 단순화시킨다. 도로는 인간의 의도에 의해 놓여졌기 때문에 형태가 직선에 가깝다. 따라서 완만화시킬 필요 없이 단순화 알고리즘만 적용하는 것이 바람직하다. 이때 적용하는 단순화 알고리즘은 등고선의 단순화 알고리즘과는 달라야 한다. 도로의 경우 단순화 정도가 커지면 다른 지도요소들, 즉 행정구역, 철도, 가옥들과의 위치 변동이 발생한다. 위치변동은 흔히 도로의 형태적 변환이 발생하는 자료점들에서 일어나므로, 이러한 부분을 고려하여 적용할 수 있는 알고리즘이 필요하다.

오류 수정에서는 주로 도로와 도로의 연결성 및 다른 요소들과의 위치 변동을 수정해야 한다. 도로의 일반화에서 흔히 발생하는 문제점이 네트웍이 끊어지는 것인데, 선의 길이에 따른 물리적인 제거가 그 원인이다. 도로는 공간적 패턴이 네트웍으로 나타나야 하므로, 일반화 기준을 조정하여 공간적 패턴이 잘 드러나도록 한다.

일반화 모델의 마지막 단계는, 지도학적 표현을 위해 도로를 중요도와 등급에 따라 과장하는 것이다.

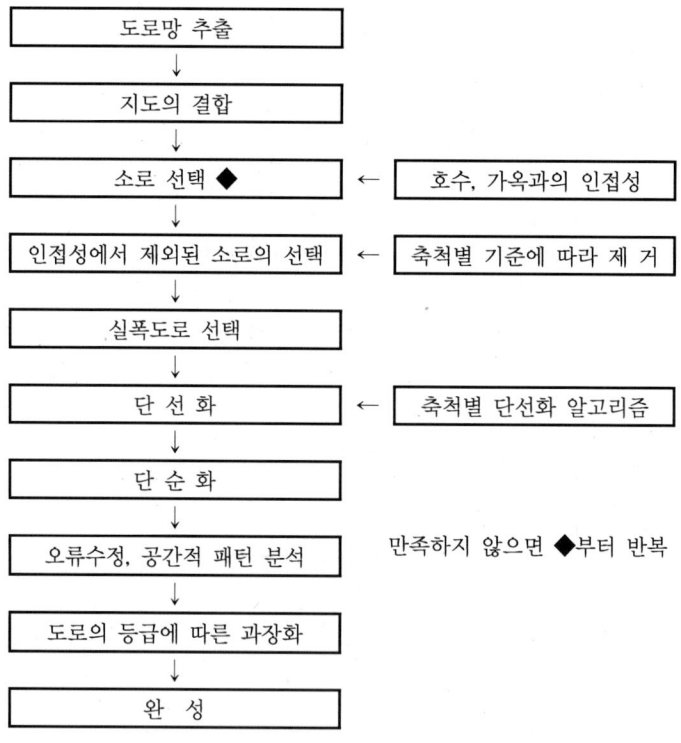

그림 24. 도로 일반화모델

3) 하 천

 수치지형도에서 하천은 공간정보만 있을 뿐, 하천에 대한 위상정보나 지리적 계층성은 없으므로 하계망 분석을 통해 차수별로 일반화한다. 하계망 분석을 위해서는, 하천의 공간정보에 대하여 위상정보를 생성한다. 하천의 위상정보화는 하천이 흐르는 방향을 결정짓고, 그 방향에 따라서 하천이 합류하는 수에 따라서 차수를 결정한다. 수치지형도상의 하천 정보만으로는 흐름을 결정할 수 없기 때문에 우선 등고선의 고도 값을 읽어야 한다. 한 개의 하계망을 이루는 세그먼트의 첫 시작점 고도 값과 마지막 점의 고도 값을 찾는다. 값이 높은 지점이 하천이 흘러가는 시작점인 From-node가 되고 낮은 점이 To-node가 된다. 이렇게 하천의 위상정보가 구축된 다음, Strahler 방식으로 차수를 결정하였다.

 하계망의 차수가 결정되면 차수별로 일반화를 실시한다. 축척 변화에 따라 가장 많이 제거되는 것이 저차수이다. 그런데 하천의 상류에는 일반적으로 저수지나 호수가 있기 때문에 하천을 제거하기 전에 이들과의 인접관계를 고려해야 한다. 저수지나 호수에 인접한 하천이 있으면, 하천의 연장길이가 짧아도 제거하지 않는다.

 하천의 저차수들은 단선으로 그리기 때문에 차수에 따라 제거하면 되고, 고차수로 갈수록 실폭으로 표현된다. 실폭으로 표현된 하천은 축척이 감소할수록 단선처리 알고리즘을 적용하여 일정 폭 이하는 단선화한다.

 하천에 대해 "선택"과 "제거"의 일반화를 적용한 후에, "단순화" 및 "완만화" 알고리즘을 적용한다. 오류 수정에서는 하천의 차수별 끊김이나 다른 정보들과의 위치변동에 따른 논리적 오류를 수정하고, 지리적 고유성의 반영 정도를 분석한다. 만족스런 결과가 나오면, 차수별 과장화를 거쳐 완성한다.

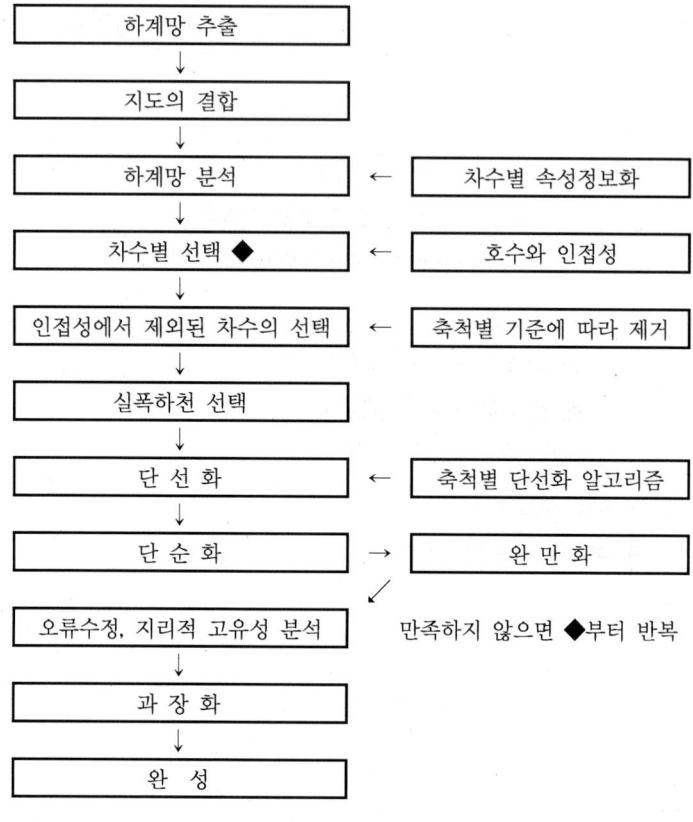

그림 25. 하천 일반화모델

4) 건 물

1:5,000 수치지형도에서 4m² 이상의 모든 건물은 실물묘사를 원칙으로 한다. 본 연구에서는 1:5,000 수치지형도상에서 면으로 표현된 건물의 특성을 이용하여 촌락과 건물이 밀집된 시가지 지역의 두 가지로 일반화를 하였다.

지형도에서 시가지는 적색의 블록으로 표현된다. 그런데 지도 및 지도제작 지침서 분석 결과, 시가지 지역의 경계 설정 기준이 모호한 것으로 판단되었다. 따라서 보다 실질적인 시가지 지역으로 일반화하기 위해서는 적색의 블록보다는 건물들이 밀집된 지역으로 실물묘사를 하는 것이 현실적이므로, 우선 건물의 밀도를 분석하였다.

다음으로, 시가지 지역에서 제외된 건물들 중에서 일정 크기 이상은 면으로 표시하기 위해 선택하고 나머지 건물의 폴리곤은 무게중심을 추출하여 촌락의 점자료로 만든다. 그러나 행정관련 기관 건물은 크기가 작더라도 지도에 면으로서 처리하므로, 면적에 의한 선택에 앞서 행정 관련 건물을 먼저 선택한 후 크기에 따라 일반화한다.

점으로 생성된 촌락들은 점의 수를 줄여야 하므로, 우선 촌락의 점 분포 패턴의 분석 결과에 따라 촌락 간 제거거리를 정하여 삭제한다. 건물들의 간격이 좁아 도상에서 붙어 있는 것처럼 보이는 건물들이 있는데, 일반화 모델 오류 수정에서는 이들에 대한 건물의 크기를 줄여 시각적으로 0.2mm 이상 떨어지도록 축약한다. 마지막으로 촌락들의 중요도에 따라 과장화하여 지도를 완성한다.

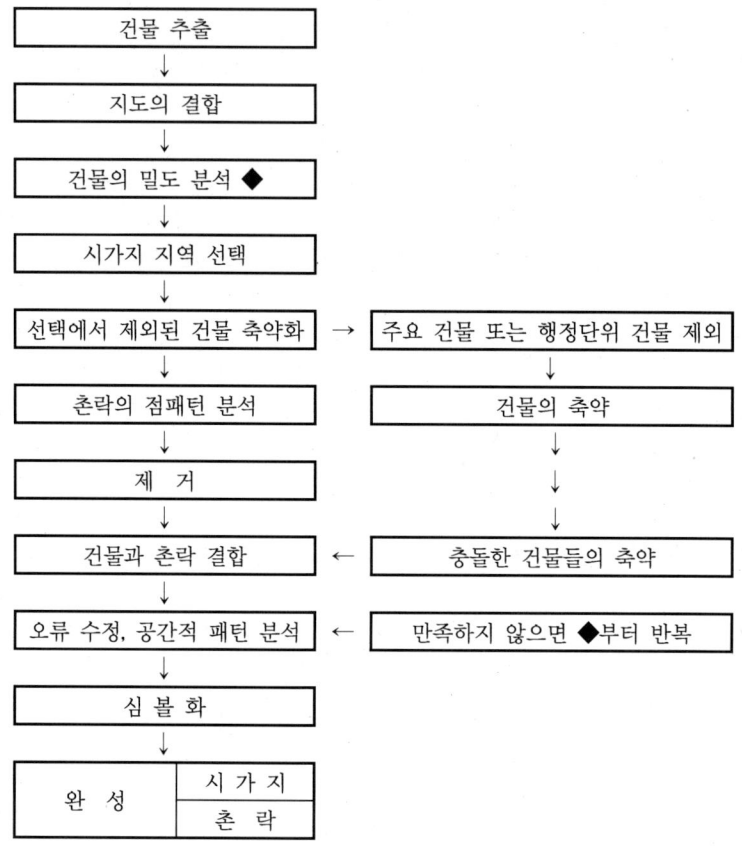

그림 26. 건물 일반화모델

5) 저수지 및 호수

저수지나 호수의 일반화 모델은 크기에 따라 선택하면 된다. 다만, 농경생활과 밀접한 관련이 있는 요소들은 크기 기준에 따른 선택에서 예외로 표시한다. 선택된 다음에는 단순화와 완만화로 선을 일반화시키는데, 호수변을 따라 놓인 도로망과 공간적 위치 변동 오류가 발생하지 않도록 알고리즘을 적용한다.

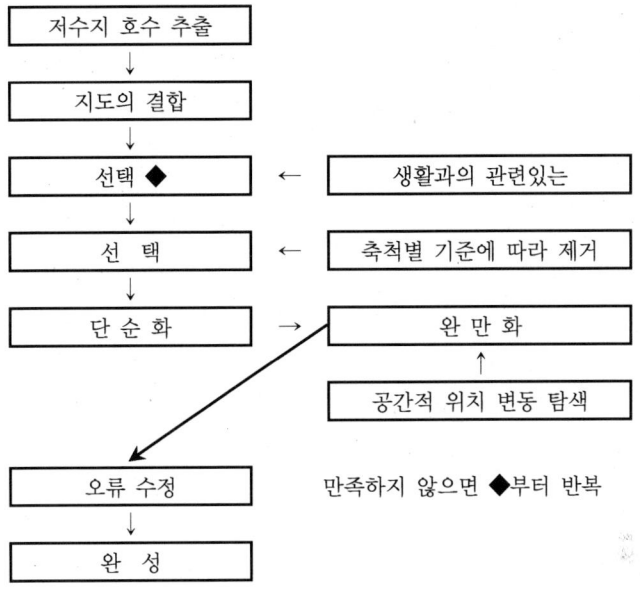

그림 27. 저수지 일반화 모델

6) 해안 및 행정 경계

  해안선과 행정 경계 등의 일반화 모델에서는 선형요소의 공간정보들 간의
위치변동을 고려하여 단순화와 완만화 알고리즘을 적용한다. 특히, 해안가에
인접한 도로는 해안선이 일반화되면서 위치변동이 일어날 수 있는 요소이다.
또한, 만의 출입이 복잡한 해안 지역은 해안선의 지리적 고유성을 반영해야 하
므로 해안선의 특징을 유지할 수 있는 알고리즘을 사용한다.

102

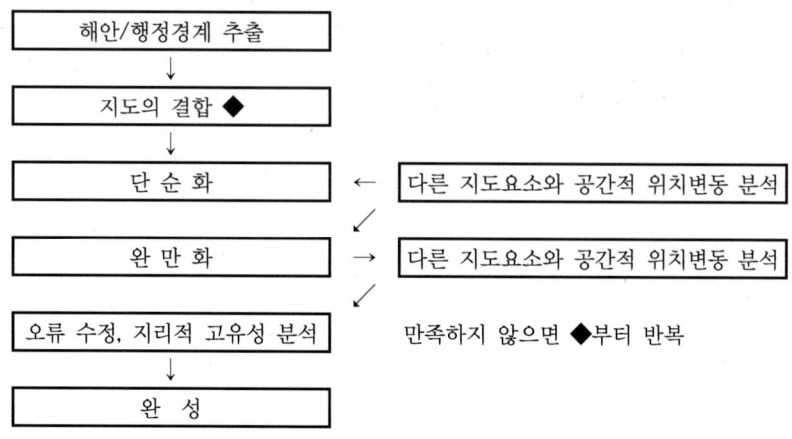

그림 28. 행정구역 일반화모델

제4장 모델적용을 위한 일반화 알고리즘

1. 방형격자법에 의한 점일반화

1) 점의 공간적 분포패턴

지도상에서 점요소들은 x, y의 좌표점만으로 표현되지만, 점이 어떤 패턴으로 지도화되느냐에 따라 지표의 다양한 공간현상을 반영하게 된다. 점의 공간적 분포패턴은 축척의 영향을 받지만 크게 규칙적 분포(regular), 무작위 분포(random), 클러스터 분포(cluster)의 형태로 나누어진다(그림 29).

동일한 공간현상일지라도 소축척에서는 클러스터 분포이지만, 축척이 커지면서 점 간의 거리가 멀어지면 임의적 분포나 규칙적 분포로 변하게 된다. 1:5,000과 같은 대축척에서는 건물, 농경지 등이 임의적 또는 규칙적 분포로 인식되는 경우가 많지만, 1:25,000 이상에서는 분포패턴이 달라진다.

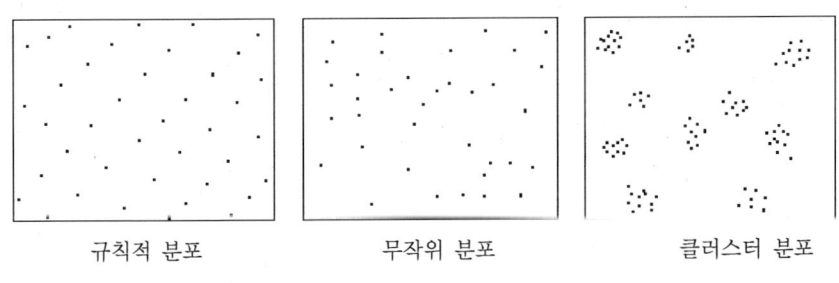

| 규칙적 분포 | 무작위 분포 | 클러스터 분포 |

그림 29. 점의 공간적 분포패턴

지형도에서 점기호는 면의 특성을 반영하는 점과 점의 특성을 반영하는 점이 있다. 면에 의한 특성은, 농경지와 같이 지표 경관은 면이지만 점기호로서 표시하는 경우이며, 점의 특성은 촌락과 같이 독립된 건물을 점으로서 나타낸 것이다. 이러한 두 가지 공간현상은 지도화 방법에 따라 분포패턴이 달라진다.

농경지를 표현하는 점기호는 일정한 간격을 유지하면서 전반적인 패턴만을 나타내므로 규칙적 분포를 보인다. 촌락은 인간생활의 터전과 관련이 있어 클러스터로 밀집된 분포 경향을 나타낸다.

동일한 지리적 공간현상은 점들의 분포패턴에 따라서 다르게 해석될 수 있다. 점의 일반화는 분포 패턴에 많은 영향을 미치므로 분포패턴에 따라 일반화시키는 유형이 달라져야 한다. 지형도에서 축척에 따라 점의 밀도를 줄여나가는 방법은 Töpfer(1966)가 유도해낸 제곱근(radical law) 계산법이 대표적인 방법이다.

$$N_{s1} = N_{s2} \sqrt{\frac{M_{s1}}{M_{s2}}} \quad \text{...(1)}$$

여기서, N_{s2}: 대축척 지도에서의 점의 수,

M_{s1}: 소축척지도의 축척, M_{s2}: 대축척지도의 축척,

그리고 N_{s1}은 소축척지도(M_{s1})에 나타내야 할 점의 수이다.

Töpfer의 제곱근법은 지도화되는 점의 심볼 크기가 동일하다는 전제하에 사용되며, 대축척에서 소축척으로 변할 때 소축척에서 표현되는 정보의 양은 수식(1)과 같은 관계에 있다. 그러나 촌락과 같이 형성 원인에 따라 다양한 패턴으로 나타나는 지도요소들을 제곱근법에 따라 무조건 삭제하면 촌락이 갖는 지리적 특징들을 잃을 수도 있다. 점제거 기준은 공간적 패턴을 유지하면서 Töpfer의 제곱근법을 따르는 것이 바람직하다.

2) 점의 공간적 패턴 분석과 점제거 반경설정

지금까지의 알고리즘 개발은 주로 선과 면요소를 대상으로 진행되어 왔다 (Kass and Terzopoulos, 1987; Jenk, 1989; Clarke and Schweizer, 1991; Dutton, 1999). 이에 비해 점기호와 점요소에 대한 연구는 상대적으로 적지만, 다양한 연구가 시도되고 있다. 라벨로서의 점기호에 대해서는 위치이동이나 충돌 및 배열에 관한 연구가 진행되고 있다(최경희·황철수, 2001; Christensen et al., 1995; Edmonson et al., 1996; Imhof, 2000). 점요소 일반화는 공간상에서 점들의 대표점들을 찾아 그룹화하여 중요도가 낮은 점들을 제거해가는 방법과 통계적 분석 결과를 바탕으로 점들을 제거하는 방법을 중심으로 연구되고 있다(Unwin, 1981; 유근배, 1998; Stephen and Frank, 1997; Lawson and Denison, 2002). 점들을 그룹화한 후 대표점만 남기고 제거하는 방법은 지도상에 분포하는 점들 중 어느 점을 기준으로 시작하여 어느 방향으로 진행해가며 집단화하느냐에 따라 결과가 달라질 수는 있는 문제점이 있다(한균형, 1996; Regnauld, 1997).

통계적 방법은 분포패턴을 결정하는 임계치를 점 간 제거 길이로 사용하는 것이다. 공간상에서 대표점들을 찾아 일반화시키는 방법보다 정확성은 떨어지지만 신속히 처리할 수 있다는 장점이 있다. 공간상에 분포하는 점을 통계적으로 설명하고자 하는 방법에는 여러 가지가 있으나 본 연구에서는 방형격자법 (quadrat analysis)을 사용하였다(Greig-Smith, 1952; Barber, 1988).[3]

방형격자법은 지도위에 등간격의 격자망을 씌워 각 격자에 포함된 점의 수를 세어 통계적으로 분석하는 방법이다(그림 30).

---

3) 이외에도 점 분포 패턴 분석에는 가까운 두 점 간의 거리와 점들의 밀도를 비교분석하는 최근린분석법(nearest-neighbour analysis), 지정된 점으로부터 일정거리 내에 있는 점과 이론적인 점의 수를 비교분석하는 K함수 방법, Kernel Estimation, Moran's I 등이 있으며, 계속해서 다양한 모델과 통계적 방법들이 개발되고 있다 (Lawson and Denison, 2002).

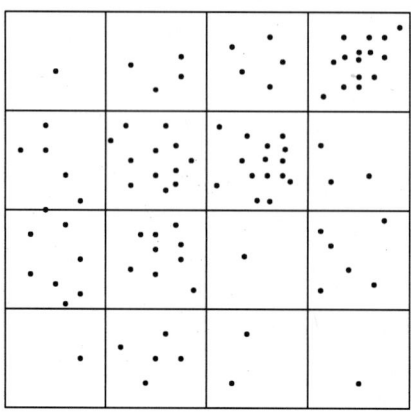

그림 30. 방형격자법

그림 30에서와 같이 격자 빈도에 대해 각 격자에 포함된 점들의 평균과 분산을 이용하여 분산평균비를 계산한다.

$$VM = \frac{S^2}{M} \quad \text{...(2)}$$

여기서 VM(variance/mean ratio)은 분산평균비, S^2은 분산, M은 평균이다.

분산평균비는 점들이 통계적으로 포아송 분포를 따른다는 전제하에 공간상에 어느 정도 무작위하게 배열되어 있는지를 평가하는 방법이다(남영우, 1996). 여기서 포아송 분포는 평균과 분산이 같을 경우, 즉 분산평균비가 1인 경우를 무작위 분포로 가정한다. 값이 1보다 작으면 규칙적 분포, 1보다 크면 클러스터 분포로 해석된다(Unwin, 1981).

방형격자법에서는 격자의 크기에 따라 분산평균비가 달라지기 때문에 격자 크기의 적절한 선택과 격자의 진행방향이 중요하다. 단위 지역에서 격자의 크기가 전체 크기와 같다면 분산평균비는 항상 1보다 큰 클러스터 분포를 갖는다. 점들의 분포패턴은 격자의 크기에 크게 영향을 받으므로 방형격자법에 의한 분포 패턴이 절대적이라고 볼 수는 없다. 다만, 전반적인 분포경향의 파악만 가능하기 때문에 보다 다양한 패턴 분석에 대한 연구가 요구된다(Lawson and Denison, 2002).

본 연구에서는, 지도도식 규정(1994)에 규정된 점 간의 최소 지도화 간격인 0.2mm를 격자 크기로 사용하였다. 지도에서 점들은 1:5,000은 1m, 1:25,000은 5m, 1:50,000은 10m 간격으로 그린다. 따라서 1:25,000으로 일반화시킨다는 전제하에 격자 크기 5m를 기준격자로 하여 2m 간격으로 확대해가면서 분산평균비를 계산하였다. 분산평균비가 어느 정도 설명력을 갖는지를 확인하기 위해, 표준오차를 계산하여 기대값(Z)을 결정하였다.

$$Z = \frac{VMR-1}{SE} = \frac{VMR-1}{\sqrt{2/(k-1)}} \quad\cdots\cdots\cdots\cdots\cdots\cdots\cdots\cdots\cdots\cdots\cdots\cdots (3)$$

여기서 Z는 기대값이고, VMR은 관찰된 분산평균비, SE(standard error)는 표준오차, k는 방형격자의 개수이다. 계산된 Z 값이 1.96(유의수준 0.05)보다 크면, 받아들인다.

점제거는 각 점들에 대해 버퍼링(buffering)을 실시하여 한 점의 범위가 다른 점을 포섭하는 경우에 제거하는 방식이다(그림 31).

버퍼링 반경은 분산평균비 값에 변동이 일어나는 격자의 크기를 제거반영으로 사용하였다. 제거된 점의 개수가 Töpfer 제곱근법으로 계산된 점의 수에 근사하는 격자의 크기를 점제거 반경으로 정하였다.[4]

---

4) 점일반화에서는 축척에 따라 점을 제거하되 원자료의 공간적 패턴을 유지시키는 것이 일반적이다. 버퍼링으로 점들이 제거된 후, 남아있는 점들을 대상으로 버퍼링에 적용된 점제거 반경을 격자로 하여 분산평균비를 계산하면 무작위, 즉 1이 된다. 그러나 점제거 반경은 1:5,000을 원도로 사용했기 때문에, 1:25,000과 1:50,000 지형도 기준에 따라 분산평균비를 계산하면 클러스터 패턴이 나타난다. 즉, 국립지리원의 점 간 최소거리 1:50,000 기준인 10m를 격자의 크기로 적용하면, 1:25,000과 1:50,000의 분산평균비는 값이 1보다 크게 계산되어 클러스터 분포가 된다. 그렇지만 점의 분포패턴은 기호의 크기, 배열 방법, 형태, 측정 방법에 따라 다양하게 계산될 수 있으므로 이에 대한 체계적인 보완연구가 수행되어야 할 것이다.

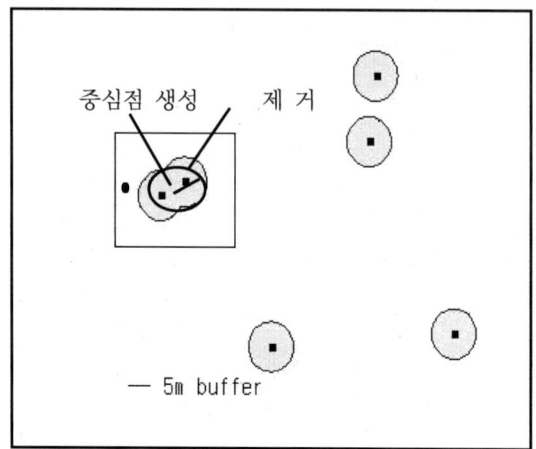

(선택된 두 점의 중간에 새로운 점을 생성한 후 기
존의 점들을 제거한다.)

그림 31. 버퍼링에 의한 점제거

2. Simoo 알고리즘에 의한 선일반화

1) 선형요소 일반화 알고리즘

지도요소의 대부분은 선으로 구성되어 있기 때문에 일반화 알고리즘 중에서
선형요소의 단순화에 대한 연구 성과들이 많다. 단순화의 경우 지도요소의 지
리적 형태를 가장 잘 유지하되 자료점의 제거 비율이 높아야 이상적인 알고리
즘이다(황창섭, 2000). 알고리즘의 개발에서 가장 많이 사용하는 방법은 임계
치(tolerance), 즉 자료점 제거의 허용 기준을 정하는 것이다.

그동안 개발된 알고리즘들은 지도학적 형태 유지, 자료점의 제거, 자료처리
의 효율성 측면에서 장점을 가지고 있지만 다음과 같은 문제점이 있다.

첫째, 단순화 알고리즘은 지도요소의 형태를 변형시키는 것이기 때문에 지리

적인 고유성과 공간적 특성을 잘 반영하지 못한다.[5] 마찬가지로 단순화 정도가 높아지면서 선이 지나치게 단순해져 원래의 형태를 제대로 반영하지 못하게 되는 문제가 있다(Thomas, 1998; Visvalingam, 1999).

둘째, 지도요소의 공간적 관계를 고려하지 않으므로 단순화 후에 인접한 다른 요소들과의 위치변동에 의해 논리적 오류가 발생한다(Müller, 1990; Ruas, 1998; Lonergan and Jones, 2002). 이는 해안선, 호수, 행정구역을 단순화할 때 흔히 발생할 수 있는 문제이다.

셋째, 선의 곡률이 심한 곳에서는 뾰족해지거나 붙게 되면서 폴리곤이 형성되어 물리적인 오류가 발생한다(McMaster, 1983,1986; Mackaness and Beard 1993).

넷째, 완만화 알고리즘은 선을 부드럽게 하기 때문에 보기는 좋으나 현상의 고유한 특징을 잘 유지하지 못하고, 벡터(vector)의 공간적 변위(displacement)가 커지기 때문에 실재를 왜곡시키는 경향이 있다(Chrisman, 1991; Saalfeld, 1999).

따라서 기존의 알고리즘에서 나타나는 문제점을 보완할 새로운 알고리즘의 개발과 이에 대한 평가가 요구된다.

우리나라의 경우, 알고리즘이라기보다는 수치지형도제작 시 선형요소 입력을 위한 자료점과 편각에 대한 기준을 정하고 있다. 국립지리원의 수치지형도 작성내규(1995)에 따르면, 선형요소의 자료점 간격이 1:5,000은 5m, 1:25,000은 10m 이내이고, 자료점들이 이루는 편각은 1:5,000은 6°, 1:25,000은 10° 이내일 때 점들을 제거할 수 있도록 규정하고 있다(그림 32). 이 규정에 따르면, 1:25,000 축척에서 중간 자료점에서의 수선 길이는 자료점길이(vertex-length)×cosθ이므로 0.8716m로 계산된다. 이 거리는 등고선의 평면위치 규정을 충분히 만족하기 때문에 일반화를 시켜도 무리가 없다(표 23).

---

5) 지리적 고유성은 공간현상이 일반화되어도 그 고유한 특징이 어느 정도 유지되어야 지도 해석에 오류가 적게 발생한다. 문제는 고유성에 대한 평가인데, 이에 대한 기준이나 척도가 모호하기 때문에 본 연구에서는 정성적인 분석 즉, 지형도, 답사, 항공사진과 비교하였다.

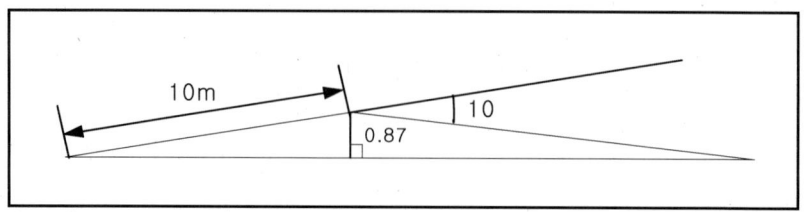

그림 32. 지도제작 기준에 의한 자료점 제거

표 23. 지도요소의 수평변위 오차

지도의 오차 규정	1:5,000	1:25,000	1:50,000
지도요소 전체	3.5m	12.5m	25m
등고선	1m	5m	10m
기 호	1m	5m	10m

자료: 수치지도 작성내규, 1995

　지리원의 규정에 따라 일반화를 시키면 그림 33과 같이 1:5,000과 1:25,000
에서 같은 고도의 등고선을 비교할 때 육안으로 차이를 식별하기 힘들며, 이를
확대하여야 어느 정도 구분이 가능하다. 그러나 이 규정은 기준이 너무 엄격하
므로 지도상에서 선의 곡률이나 자료점에 별 차이가 없기 때문에 일반화를 위
한 기준으로 적용하기에는 현실적이지 못하다. 등고선의 경우, 일반화가 제대
로 되지 않았을 때는 자료점의 수가 너무 많고, 선의 곡률이 커 분석 작업에서
좋은 결과를 얻기 힘들다(구자용, 2000).
　또 다른 문제점은 자료점 간격과 곡률값이 짧게 반복되는 부드러운 부분에
서의 자료점 제거률이 높아 선의 형태를 잃게 되는 것이다(그림 34). 예로서
섬이나 닫혀진 등고선과 같은 요소들을 단순화시키면 왜곡이 커지는 것을 확
인할 수 있다(그림 35).

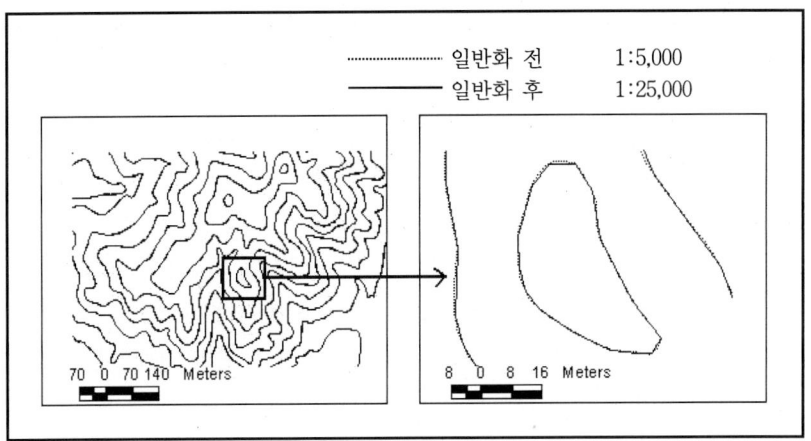

그림 33. 수치지형도제작 기준에 의한 일반화

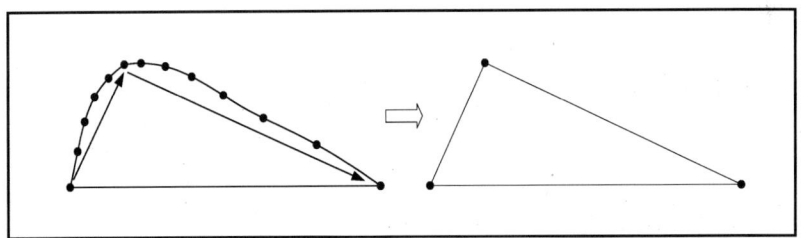

그림 34. 자료점 곡률변화에 따른 일반화

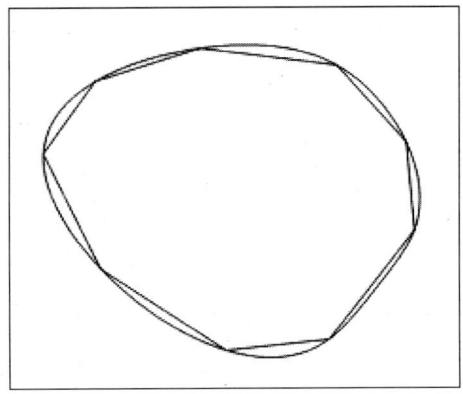

그림 35. 그림 34와 같은 경우의 일반화 결과

알고리즘 중에서 Douglas-Peucker(이하 D-P)알고리즘[6]은 원리가 간단하고 자료점 제거에 효율성이 높기 때문에 취약성이 많음에도 불구하고 가장 많이 이용되거나 비교 대상이 된다.[7] 본 연구에서는 D-P 알고리즘과 새로 개발한 알고리즘을 비교 평가하려 한다.

D-P의 원리를 살펴보면, 우선 그림 36과 같이 두 점 A-B를 연결하는 기선(baseline)을 긋는다. 각각의 자료점에서 수선을 기선에 연결한다. 수선의 길이가 가장 긴 점인 C를 중심으로 다시 A-C, B-C를 연결하는 기선을 그어 미리 정한 임계길이 내에 있는 자료점을 제거하면, A-C-D-B만 남게 되어 단순화된다. A-B는 선의 방향(좌-우)이 바뀌는 지점까지로서, 1단위의 단순화 기선이 된다. 여기서는 가장 긴 수선의 자료점인 C가 형태적 대표점이 되며, D-P 알고리즘은 단순화에서 형태적 대표점을 유지함으로서 선의 지리적 특징을 유지하려 했다.

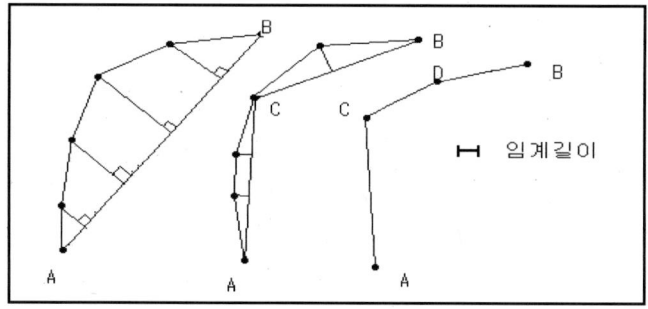

그림 36. Douglas-Peucker의 자료점 제거 절차

---

6) Ramer-Douglas-Peucker 알고리즘이라고도 한다. 이 알고리즘은 Douglas-Peucker 가 1973년에 발표되어 알려지게 되었는데, 이보다 1년 앞서 Ramer가 같은 단순화 원리를 먼저 연구하였으므로 그의 이름을 붙이기도 한다(Dutton, 1999).

7) 선형요소 일반화 알고리즘으로는 Reumann-Witkam, Opeim, Lang, Chaiken, Boyle, Hermite, Weighted Moving Average, Forward Looking Interpolation, Fractal 알고리즘 등이 다양하게 개발·보완 연구되고 있으며, 이들에 대한 평가도 다수 진행되고 있다(김감래 외, 1992; 김두일·김종석, 1998; McMaster, 1986; Visvalingam and Whyatt, 1990).

D-P 알고리즘은 결국 점을 제거하여 형태를 단순화시키는 원리이다. 이 알고리즘은 임계길이에 따라서 자료점을 제거와 선의 형태적 특징이 결정된다.

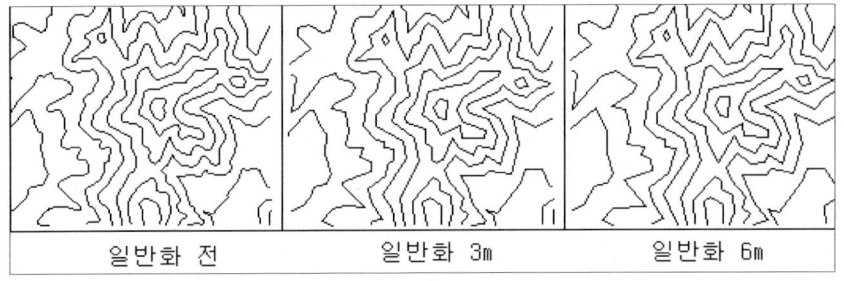

일반화 전   일반화 3m   일반화 6m

그림 37. 임계치에 따른 선의 변화

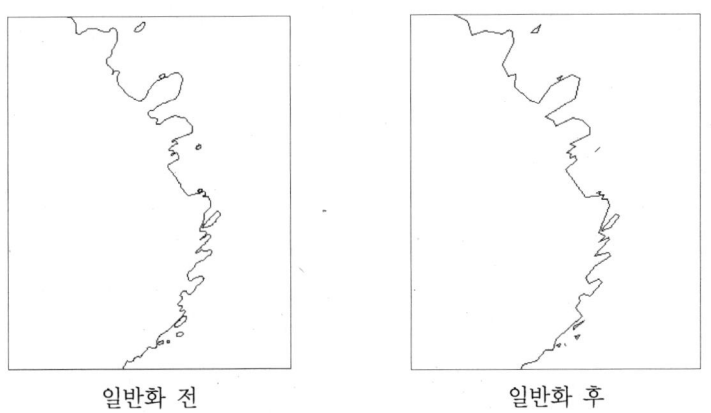

일반화 전   일반화 후

(일반화 후의 해안선은 일반화 전의 형태를 잘 반영하지 못하고 있어 다른 해안선으로 인식되거나 해석상의 오류를 일으킬 수 있다.)

그림 38. 해안선 일반화

그런데 임계길이가 크면 선요소가 지리적 고유성을 표현하지 못할 뿐만 아니라, 기하학적 형태의 변형이 커서 미적이고 세련된 지도학적 특징을 잃게 된다(그림 37). 임계치를 3m로 하였을 때는 시각적인 차이를 느끼지 못할 정도

이지만, 6m로 하였을 때는 선이 미려하지 못하고 세그먼트(segment)들의 집합체로 보이게 된다. 이와 같이 선들이 매끄럽지 않게 연속되면 공간 분석에도 좋지 않은 영향을 미칠 수 있다(한균형 외, 2002).

한편, 선의 형태를 통해 지리적인 현상을 반영하는 해안선과 하천의 경우, 선의 단조롭고 복잡한 정도에 따라 지형발달에 영향을 준 요인을 파악할 수 있다. 만의 출입이 잦은 해안선 및 단층에 의해 유도되는 하계패턴은 단순화되어도 현상의 고유한 특징을 유지시킬 수 있는 일반화가 필요하다.

그림 38은 D-P 알고리즘을 해안선에 적용한 것이다. 일반화 적용 전에는 단층과 해식에 의한 해안선 구획과 해체 과정으로서의 지형적 특징을 파악할 수 있다. 그러나 적용 후에는 선이 단순화되고 해안선에 새로운 공간적 변위를 주게 되어 다른 지형발달 과정에 있는 지역으로서 인식되므로 현상이 왜곡되는 문제점이 발생한다. 또한, 섬들의 경계선들은 국립지리원의 규정에 의한 단순화와 같이 섬의 원래 모습을 완전히 잃거나 섬 경계가 축약되는 것을 확인할 수 있다.

또한, D-P 알고리즘에서는 지도요소들의 공간적 관계가 간과된다. 단순화에 의해 굴곡이 큰 선형요소들이 다른 요소들과 위치가 변동되는 문제점이 있다. 그림 39는 D-P 알고리즘을 해안선에 적용하여 다른 지도요소들과의 위치변동에 의한 논리적 오류를 살펴본 것이다. 단순화된 해안선의 위치가 바뀌어 도로가 경계 밖으로 나가는 문제점이 발견된다. 단순화시에 선요소와 다른 지도요소들과의 공간적 위치관계를 고려하지 않는다면 이러한 오류를 피할 수 없다.

단순화의 경우, D-P뿐만 아니라 대부분의 알고리즘에서 임계치에 따른 형태적 왜곡과 공간적 위치 변동의 문제가 발생한다. 이러한 문제를 최소화시키면서 손으로 그린 지도처럼 미적이면서 현상의 공간적 특성을 유지할 수 있는 알고리즘을 개발해야 한다. 이상의 조건을 만족시키는 알고리즘은 단순화와 완만화를 통합해야 가능하다(McMaster, 1989).

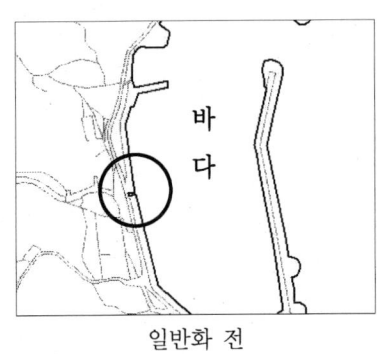 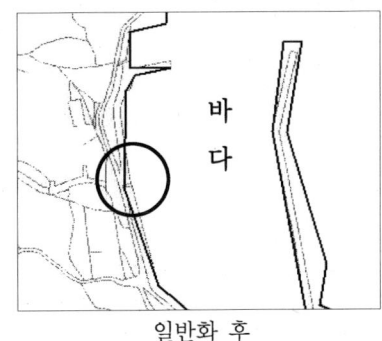

일반화 전   일반화 후

(일반화 후에 해안선의 위치가 변하게 되어 도로와 해안선에서 공간적 오류가 발생한다.)

그림 39. 일반화에 따른 도로와 해안선의 공간적 오류

2) Simoo 알고리즘의 원리와 일반화 절차

규칙기반 모델적용 단계에서 축척변화에 따라 지도요소들의 공간적 형태를 변형시키기 위해 알고리즘을 적용한다. 그동안 개발된 알고리즘은 연구성과에 비해 현상을 지리적으로 일반화시키기에는 만족스럽지 못했다.

본 연구에서는 공간현상의 특징과 지도학적 세련미를 유지하면서, 데이터의 기하학적 형태의 변형을 전제로 Simoo 알고리즘을 개발하였다. Simoo 알고리즘은 단순화(simplification)와 완만화(smoothing)를 통합한 일반화이다. Simoo 알고리즘은 임계치에 따라 단순화를 먼저 진행한 후 완만화를 실시한다. Simoo 알고리즘은 기존의 알고리즘과 같이 선형요소 전체의 일반화보다는, 각각의 공간적 특성을 고려하여 등고선, 해안선, 행정구역, 도로 등에 따라 알고리즘 적용 기준을 달리하였다.

임계치 결정을 위해 등고선, 하천, 해안선, 행정경계, 도로를 대상으로 축척별 분석을 실시하였다. 그 결과, 임계치는 등고선 및 하천, 해안선, 행정경계, 도로의 두 가지 형태로 나눌 수 있었다(표 24, 25, 26, 27).

기존의 단순화 알고리즘들은 처리속도의 효율성을 높이기 위해 임계치를 제

한적으로 사용하였다. 그러나 Simoo 알고리즘은 전제 조건을 만족시키기 위해 3개의 임계치를 설정하였다. 자료점을 잇는 선, 즉 평균 vertex 길이와 수선 길이, 그리고 편각이다. 이들의 임계치에 따라 자료점의 제거에 의한 단순화와 자료점의 이동에 의한 완만화를 진행한다.

표 24. 등고선의 일반화 임계 기준

	편 각	수선 길이	평균 vertex	자료점 처리 방법	특 징
단순화	10° 이하	10m 이하		자료점 제거	단순화
완만화	10° 이하	1m 이하	각기 다름	이등분선의 중간점으로 이동	지도학적 표현
	10° 이상 40° 이하	1m 이상 10m 이하		수선의 중간점으로 이동	지도학적 표현과 고유성 유지
	40° 이상	10m 이상		자료점 유지	고유성 유지

표 24와 같이 등고선 단순화는 편각 10°, 수선 길이 10m 이하, 평균 vertex 를 만족하면 자료점을 제거한다. 지형도 1:25,000과 1:50,000의 등고선을 벡터 라이징(vectorizing)하여 편각과 수선의 길이를 계산하였다(표 25).

표 25. 등고선의 편각과 수선의 길이

구 분	평 균	표준 편차
편각(각도)	12°	9°
수선의 길이(m)	9	6

이 자료를 기초로 지리원의 편각규정 10°와 최대 수평변위오차 10m 이내 (표 23)를 만족할 수 있는 임계치를 정할 수 있었다. 그러나 이상의 두 조건 만을 가지고 자료점들을 제거하게 되면, 그림 34, 35와 같이 선이 완만한 부분 에서의 점의 제거율이 높아 왜곡이 커지는 문제가 발생한다. 이를 해결하기 위 해서는 vertex의 길이를 임계치로 지정하면 되는데, 같은 선 내에서 vertex의

길이는 각기 다르기 때문에 일률적으로 정할 수 없다. 따라서 각 선들을 구성하는 vertex의 평균을 적용한 것이다.

등고선 완만화는 평균 vertex 길이를 만족해야 하며, 첫째 조건은 편각이 10° 이하, 수선의 길이가 1m 이하인 경우, 세 자료점의 가운데 점을 삼각형 이등분선의 중간으로 이동시킨다. 이것은 자료점을 미세하게 이동시켜 선을 보다 부드럽게 하기 위한 것이다. 두 번째 조건은 편각이 10~40°, 수선의 길이가 1~10m인데, 이는 일반적인 선들의 곡률과 수선 길이의 범위이다. 이 조건에서는 세 자료점의 가운데 점을 수선의 중간점으로 이동시키면서 선을 완만화시키기 때문에 형태 변형을 최소화할 수 있다. 세 번째는 편각이 40° 이상, 수선 길이가 10m 이상인 경우는 공간현상의 특징을 반영하는 형태적 대표점들이기 때문에 자료점을 이동시키거나 제거하지 않고 그대로 유지하여 지리적 특징을 잃지 않게 할 수 있다.

해안선, 하천, 도로, 행정경계는 자료점 제거 및 이동에 따른 공간적 특성의 유지가 어렵고, 다른 지도요소들과의 공간적 위치 변동이 발생할 수 있는 가능성이 높다. 표 26과 같이 수선의 길이와 편각의 임계치가 등고선에서 보다 엄격하게 적용될 수 있도록 한 것은 이러한 문제의 유발을 최소화하기 위한 것이다. 단순화를 위한 임계치의 결정을 위해 지형도 1:25,000과 1:50,000의 행정구역을 벡터라이징하여 편각과 수선의 길이를 계산하였으며(표 26), 임계치를 달리하여 해안선, 행정구역, 도로, 하천을 실험한 결과 표 27과 같은 임계치를 설정할 수 있었다.

표 26. 행정구역의 편각과 수선의 길이

구 분	평 균	표준 편차
편각(각도)	6	4
수선의 길이(m)	4	3

118

표 27. 해안, 하천, 도로, 행정경계의 일반화 임계 기준

	편 각	수선 길이	평균 Vertex	자료점 처리 방법	특 징
단순화	5° 이하	5m 이하		자료점 제거	단순화
완만화	5° 이하	1m 이하	각기 다름	이등분선의 중간점으로 이동	지도학적 표현
	5° 이상 35° 이하	1m 이상 10m 이하		수선의 중간점으로 이동	지도학적 표현과 고유성 유지
	35° 이상	10m 이상		자료점 유지	고유성 유지

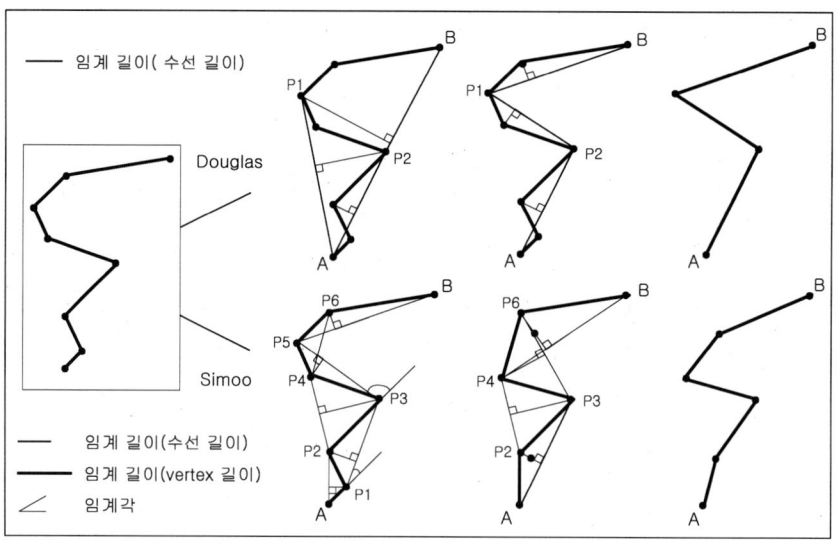

그림 40. Douglas-Peucker와 Simoo 알고리즘의 비교

임계치의 적용 기준과 처리 과정은 등고선과 같다. 다만, 해안선, 하천, 도로, 행정경계는 선들은 임계각 35°에서 형태적으로 공간현상을 대표할 수 있는 변이점에 해당하게 된다. 실험 과정에서 35° 이상에서의 자료점 삭제나 이동은 선들의 지리적 현상 왜곡은 물론 공간적 오류가 많이 발생하였다.

단순화와 완만화의 단계별 과정을 살펴보면, Simoo는 단순화를 먼저 수행

한다.

그림 40에서와 같이, A-p1-p2에서 수선길이, 편각, 평균vertex 길이를 계산한다. 자료점 제거 조건을 만족하면 p1을 제거하고 A-p2를 연결한다. 이 과정의 반복을 통해 제거, 자료점 이동에 의한 완만화가 이루어진다. 구체적인 계산 과정은 다음과 같다.

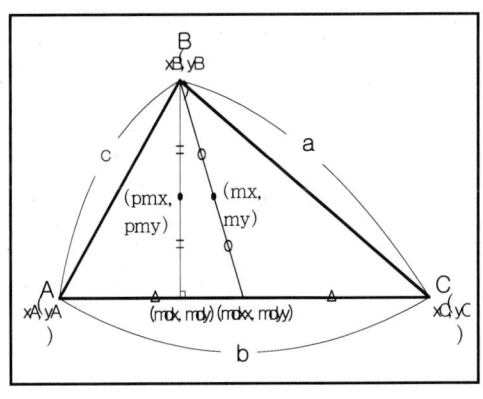

그림 41. 수선의 길이 계산

(1) A-B 평균 vertex 길이: A-B 전체길이/(자료점의 수(N) -1)로 계산한다.

(2) 수선 길이: p1, p2, p3, p4, p6에서 각 변에 수선을 그어 길이를 계산한나.

수선의 길이는 그림 41에서 점 xB, yB를 지나 A-C와 수직으로 만나는 직선의 방정식을 통해 구한다.

A-C를 지나는 직선의 기울기(t)는 $t = \dfrac{yC - yA}{xC - xA}$ ....(4)

점 xB, yB를 지나는 직선의 기울기(pt)는 $- - (1/t)$ .... (5)

기울기(pt)의 절편(b)은 $yB - (pt * xB)$ .... (6)

이 된다.

이 방정식 $y = ptX + b$를 이용하면 A-C와 만나는 좌표점(mdx, mdy)을 구할 수 있다.

$$mdx = \frac{pt - (yC - (t\omega * xC))}{t + pt * (-1)}$$ .... (7)

$$mdy = t * mdx + (yC - (t * xC))$$ .... (8)

따라서 수선의 길이는

$$pd = \sqrt{\frac{(mdx - xB)^2}{(mdy - xB)^2}}$$ .... (9)

이 된다.

3) 편각의 계산

편각의 계산 과정은 점(xA, yA), (xB, yB), (xC, yC)의 변을 각각 a, b, c라 할 때, 두 변 a, c가 만나는 각을 구하여 180°에서 빼면 된다(그림 41).

즉, $b^2 - a^2 - c^2$을 m .... (10)

$-(2 * a * c)$를 n이라 하면 .... (11)

내각은

$$ideg = \frac{180 * (m/n)}{3.141592}$$ .... (12)

이므로, 편각은 180-$ideg$로 계산할 수 있다.

그림 40에서 점 p1이 임계치 범위 내에 있다면, p1을 제거하고 A-p2를 연결한다. 이 과정을 반복하면서 점들을 제거한다.

완만화는 자료점이 제거된 후, 각각의 자료점에서 다시 수선을 그어 수선의 길이와 편각을 계산하여 임계치별로 처리한다.

즉, 점 p2에서 임계치가 내각 $ideg < 1°$, 수선길이 $pd < 10$이면 이등분선의 중간점으로 좌표점을 이동한다. 이등분선의 중간점은(그림 41),

(1) 변 A-C의 중간점 계산

$$mdxx = \frac{xA + xC}{2} \quad , \quad mdyy = \frac{yA + yC}{2} \quad \text{...............................(13)}$$

(2) 이등분선의 중간점 계산

$$mx = \frac{xB + mdxx}{2} \quad , \quad my = \frac{xB + mdyy}{2} \quad \text{.........................(14)}$$

이다.

최소한의 임계치 범위 내에서 이등분선의 중간점으로 자료점을 이동시키는 것은 수선의 중간점 이동과 달리 선의 미려함을 유지하기 위한 과정이다.

점 p2에서 임계치가 $10° < ideg < 40°$, $1 < Pd < 10$이면 수선의 중간점을 찾아 좌표점을 이동시킨다.

수선의 중간점 좌표는(그림 41),

$$pmx = \frac{xB + mdx}{2} \quad , \quad pmy = \frac{yB + mdy}{2} \quad \text{.......................(15)}$$

이다. 수선의 중간점은 임계치 조건을 만족할 때 자료점을 이동하기 위한 점인 동시에 지리적 고유성을 유지하면서 완만화시키는 점이다. 이러한 과정을 컴퓨터에 적용한 결과는 아래의 그림 42와 같다.

122

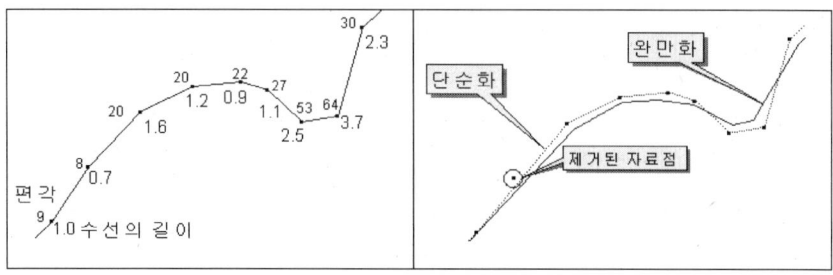

(편각과 수선의 길이가 평균 vertex를 만족하면 자료점을 제거하여 단순화시킨다. 단순화
에서 남은 자료점들을 대상으로 계산을 반복하여 점의 이동에 의한 완만화를 실시한다.)

그림 42. Simoo 알고리즘의 적용 결과

4) Simoo 알고리즘의 특징

Simoo 알고리즘은 등고선, 행정경계, 해안선 등의 수선 길이, 편각, 및 평균
vertex 길이를 분석하여 임계치를 정리하였다. 또한, 적절한 임계치를 찾기 위
해 다양한 값들을 변화시켜가면서 지도요소들의 형태적 변형 정도를 분석하
였다.

Simoo에서 적용된 임계치는 지도요소별로 다르게 결정된다. 선요소별로 반
복적인 분석을 실시하여 적정 값을 선택한 것이기 때문에 축척별 적용이 가능
하다는 것을 의미한다. 1:5,000을 이용하여 1:25,000과 1:50,000으로 일반화할
때, Simoo알고리즘은 각각 3회 및 6회를 반복했을 때 지형도와 가까운 형태로
일반화가 이루어졌다. 그렇지만, 기존의 알고리즘들은 선의 단순화에 초점이
맞춰져 있기 때문에 축척별로 적용하기에는 한계가 있다.

지도에서 선은 각 요소마다 공간적 의미에 따른 표현 방법의 차이가 있다.
선을 구성하는 자료점의 배열에 따라 기하학적 형태에 의한 지리적 현상의 반
영 정도가 결정되기 때문에, 자료점의 제거 및 추가 방법이 선요소 일반화의
핵심이다.

등고선은 다른 선형요소와 달리 동일한 고도점을 연결한 것이기 때문에 선

자체로서 지리적 특징을 반영하기보다는 선의 간격밀도와 곡률로서 지형을 표현한다. Simoo를 적용하면, 선의 굴곡이 복잡한 부분은 부드럽게, 곡률이 낮은 곳은 단순화시키므로 축척이 감소하여도 등고선에 의한 지표의 형태적 특징이 잘 유지된다. 등고선은 일반화 정도에 따라 DEM이나 3차원과 같은 시각적 표현에서 지표의 형태에 큰 영향을 미치게 되므로 등고선 간격과 곡률 등에 적절한 일반화가 필요하다(한균형 외, 2002).

형태적 특징에 따라 공간현상의 프로세스를 반영하는 해안선과 하천에 Simoo 알고리즘을 적용할 경우, 자료점 추가, 제거, 형태적 대표점의 표현에 의해 축척이 변동하더라도 만의 출입이 잦은 해안선 및 단층에 의해 유도되는 하계패턴을 유지시킬 수 있다.

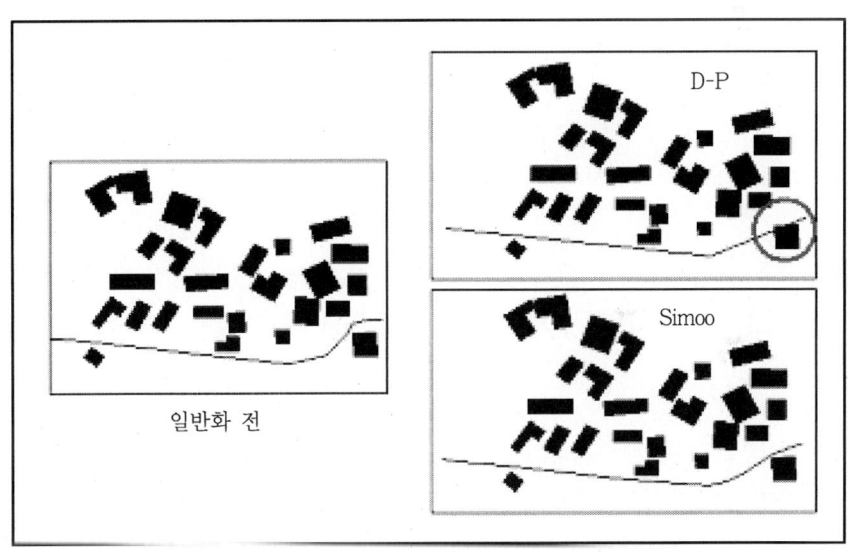

(Douglas-Peucker 알고리즘에서는 도로가 건물과 겹치는 문제점이 발생한다. 이러한 경우 충돌이 일어나는 건물이나 선을 이동시키는 원리를 적용하기도 한다(Bader and Barrault, 2000). 반면에 Simoo는 건물과 충돌이 발생하지 않는데 이는 곡률이 큰 곳에서는 자료점 이동이나 제거를 최소화시키기 때문이다.)

그림 43. 일반화에 따른 도로와 가옥의 공간적 오류

또한, 기존 알고리즘에서 간과되는 지도요소들의 공간적 관계의 고려가 주요 특징이다. 굴곡이 큰 선형요소들은 단순화의 정도에 따라 다른 요소들과의 공간적 위치변동이 발생되는 문제점이 있다. 그림 43은 D-P와 Simoo를 비교한 것으로, 일반화 결과 도로의 굴곡이 큰 지점에서 도로가 가옥을 통과하는 것을 관찰할 수 있다. 마찬가지로 만의 출입이 큰 해안선이나 굴곡이 큰 선형요소에서는 자료점의 제거와 완만화 정도가 선의 형태적 변화에 큰 영향을 미치게 되어, 이들과 인접관계에 있는 해안선과 도로, 도로와 가옥 등에서처럼 다른 요소들과의 충돌 또는 공간적 위치변동이 발생한다.

이상과 같이 Simoo 알고리즘이 다른 방법들과 차별화된 것은 일반화를 위한 임계치 설정에 있어 지도요소를 대상으로 한 반복적인 실험 및 그에 따른 적합한 임계치의 적용의 결과로 본다.

종합하면 Simoo 알고리즘의 특징은, 다른 알고리즘에 비해 축척별 적용이 가능하고, 완만화에 의해 세련된 지도제작이 가능하며, 자료점의 공간적 위치변동에 따른 논리적 오류 발생이 적다. 그리고 형태적 자료점의 유지와 이동을 반복하여 지도학적이면서 지리적인 고유성을 유지하는 일반화를 할 수 있다.[8]

3. 티센 다각형망에 의한 실폭선 일반화

실폭선 일반화는 지도제작과 공간 분석의 두 가지 측면을 고려한다. 지도학적인 측면에서, 실폭 도로와 하천은 축척 감소에 따른 공간적 해상도에 알맞도록 단선으로 처리한다. 도로나 하천을 이용하여 공간 분석을 하고자 할 때, 실폭선은 위상정보와 속성정보 구축이 어렵기 때문에 단선화시켜야 한다.

---

8) 다른 알고리즘들도 임계치에 따라 Simoo와 같은 수준의 효과를 얻을 수 있지만 다양한 임계치 설정에 한계가 있기 때문에 적용 과정에 제한을 받는다. Simoo는 현상의 특징을 고려하여 지도요소별로 실험에 의해 임계치를 정했기 때문에 선형요소 일반화에서 발생되는 문제점들을 개선하고 있다. 그러나 다양한 알고리즘들과의 비교를 통한 검증이 요구된다.

실폭의 단선화를 중심선 추출이라고도 하는데, 알고리즘 적용보다는 기존의 공간데이타 분석 방법이나 조직원리를 종합하여 적용할 수 있다. 적용 방법에는 두 가지가 있는데, 하나는 기준폭선에서 수선을 그어 상대편 선과 만나는 기선에 중심점을 만든 후, 이 점들을 연결하는 방법이고(박경렬, 1999), 다른 하나는 실폭선의 자료점들을 다각형망으로 연결하여 다각형의 변을 중심선으로 추출하는 방법이다(Lee, 1998; Litton, 1998; 박환철, 2000).

중심선 추출 알고리즘에서는 도로나 하천의 연결 지점에 대한 처리 방법이 중요하다. 수선에 의한 방법은 Ⓣ, Ⓛ, Ⓧ 등과 같은 연결 노드들이 있는 지역에서 overshoot, undershoot를 발생시키는 문제점이 있다. 반면에, 다각형에 의한 방법은 이런 문제가 덜 발생되는 장점은 있으나, 추출 결과가 다각형을 만드는 방법과 다각형의 이중분할선인 변을 자료점으로 인식시키는 방법에 달려 있다.

하천의 경우, 1:25,000과 1:50,000에서는 6m 이하의 하폭을 단선처리 한다. 도로도 마찬가지로 1:25,000과 1:50,000에서 6m 이하는 단선처리 한다. 수치지형도의 실폭도로는 지도제작 시에는 문제가 없지만, 도로정보를 이용한 최단경로 분석, 버퍼링과 같은 분석 시에는 실폭도로가 무의미하므로 도로의 종류별로 단선화해야 한다(박환철, 2000).

중심선 추출은 두 단계로 진행하는데, 실폭으로 표현된 도로나 하천 중에 축척별 기준폭 이하를 갖는 정보를 선택한 후, 선택된 요소를 대상으로 티센 다각형 구성 원리를 적용한다(Kreveld et al., 1997).

첫째, 기준폭 이하의 선형요소를 대상으로 버퍼링을 적용하여 찾는다. 버퍼링은 공간 분석에 주로 사용되는 방법인데, 점, 선, 면을 대상으로 이들을 둘러싼 영향권역을 설정하여 정보들을 분석하거나 검색하는 데 사용된다.

도로나 하천은 폭이 연속적이기 때문에 같은 곳일지라도 폭이 점진적으로 작아지거나 커진다. 이렇게 표현되는 실폭선들을 찾을 때는 버퍼링이 가장 효과적이다(그림 44).

둘째, 버퍼링으로 선택된 도로나 하천에 대해 티센 다각형망을 만들어 중심선을 추출한다. 티센 원리는 공간상에 불규칙적으로 존재하는 점들에 대해 한

점을 중심으로 하여 인접한 점들을 연결한 후, 이 선의 수직 이등분선을 연결
한 것이다(그림 45).

티센 다각형망에서 양쪽 두 점의 수직이등분선을 연결하면 중심선이 된다.
실폭의 선으로 구성된 도로나 하천을 다각형망으로 연결하기 위해서는 선을
구성하는 자료점들을 점으로 만들어야 한다(그림 46).

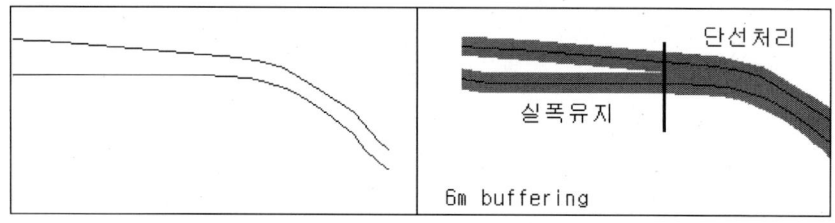

그림 44. 버퍼링에 의한 기준폭 이내의 실폭도로와 하천탐색의 원리

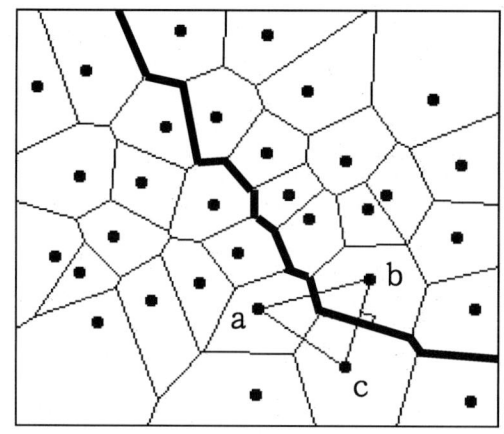

그림 45. 티센 다각형망

그러나 원자료의 자료점 간격만으로 티센 다각형 망을 만들기에는 점간의
간격이 너무 크거나 불규칙적이다. 따라서 선택된 도로나 하천에 대해서 3m
간격으로 가상노드(pseudo-node)를 부여한 후 자료점을 추출하였다. 자료점

간격을 3m로 재구성한 것은, 1:5,000에서 폭 3m 이상의 도로와 하천이 실폭으로 표현되기 때문에, 이보다 작은 거리에서의 다각형망의 구성에는 한계가 있기 때문이다.

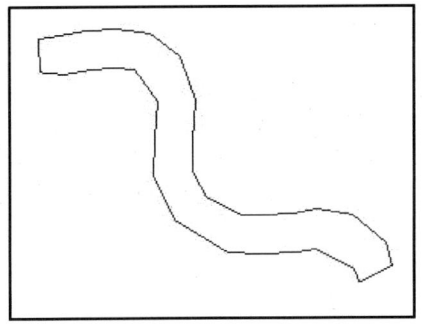
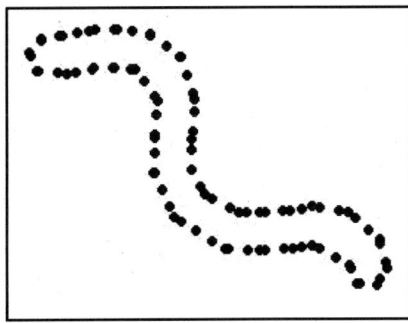

그림 46. 실폭선에서 자료점 추출

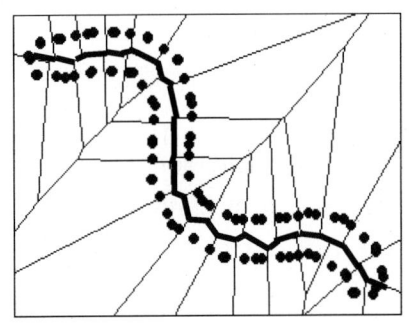
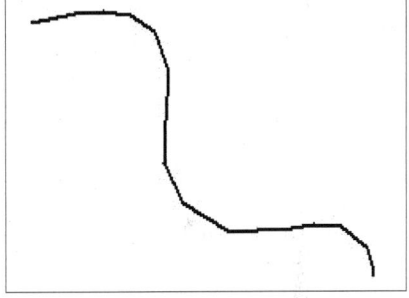

그림 47. 티센 다각형망의 중심선 추출 결과

즉, 추출된 자료점들을 대상으로 티센 다각형의 수직이등분선을 선택하면 중심선이 되는 것이다(그림 47).

선택된 중심선은 3m 간격의 vertex 단위로 일반화시킨 후, 중심선을 완성하게 된다. 그런데 티센 다각형망 구성 시에 도로나 하천이 교차되거나 순환되는 구조를 갖는 지역에서는 내부에 불필요한 다각형망의 홀(hole)이 형성되어 중심선 추출에 방해 요인이 된다(그림 48).

이러한 경우, 중심선을 추출하기 전에 내부의 다각형망들을 선택하여 제거함으로써 문제를 해결할 수 있다.

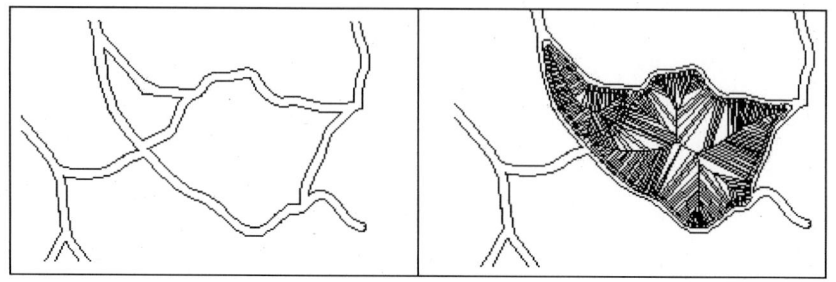

그림 48. 티센 다각형 망에 의한 중심선 추출의 문제점

4. 윈도우 탐색법에 의한 면일반화

면데이타에서의 일반화는 시가지 지역을 구성하고 있는 건물이나 건물 밀도가 높은 촌락들을 위주로 이루어진다. 지형도상의 시가지 지역은 블록표시를 위한 경계에 대한 명확한 기준이 없기 때문에 시, 군, 면 등의 건물이 많이 밀집된 지역을 임의적으로 그려놓은 것에 불과하다. 따라서 지형도에서 붉은 면으로 표시된 시가지는 지리학 또는 지도학적인 의미가 약하다고 볼 수 있다 (그림 49).

건물이 밀집된 지역에 대한 일반화 시에는 건물 자체를 면으로서 실물 묘사하되, 밀집 정도에 따라 건물을 선택하는 것이 합리적이다. 그러나 건물 밀도에 대한 기존의 기준이 없으므로 지도화되어 있는 건물들의 밀도를 분석하여 지형도의 시가지와 일치하는 밀도 값을 선택 기준으로 정하였다. 일반적으로 건물의 밀도 계산에는 블록전체의 면적과 개별건물의 합이 차지하는 면적비로서 계산하는 방법과 단위 지역 내의 건물 수에 의한 방법이 있다. 면적비의 경우, 박경렬(1999)의 연구에서는 시가지의 면적 밀도비 70%를 기준으로 사용하고 있다. 주용진 외(2002)는 100m² 단위면적에 12채 이상의 건물이 있으면 시가지 블록으로, 3가구일 경우는 단순 주거기능을 하는 촌락의 단위로 보고 있다. 이러한 방법은 건물을 선택하여 밀도를 계산한 것이기 때문에 시가지 지역만 나타나도록 되어 있어, 시가지 이외의 지역은 건물 밀도가 높아도 제외되는 문제점이 있다. 또한, 면으로 표시되는 경계에 대한 기준이 모호하므로 현실적이지 못하다.

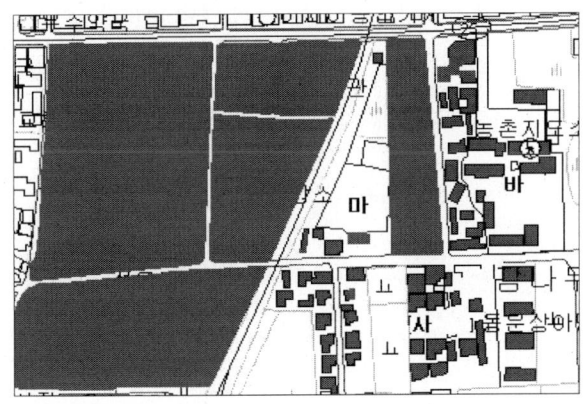

그림 49. 시가지의 면

건물 밀집정도는 지역마다 축척, 분포패턴, 건물간격, 크기에 따라서 다르게 나타난다. 따라서 획일화된 일반화 기준을 정할 수 없으며, 일반화하고자 하는 대상 지역에 대한 밀도 분석 결과에 따라서 밀집 지역을 선택해야 한다.

본 연구에서는 밀도계산을 위해 이동하면서 건물의 밀도를 계산하는 윈도우 탐색(window searching)법을 개발하였다. 윈도우 탐색법은 가상의 정방형 상자를 반복적으로 이동하면서 상자 안에 포함된 건물의 밀도를 계산하여 적정값을 찾는 방법이다(그림 50).

건물 밀도는 상자 면적에 대한 선택된 건물의 개수로 계산하였다. 건물 일반화대상 지역에 대해서 50m 간격에서 600m까지 계산해한 결과, 1:25,000의 일

반화에서는 400m 간격에 건물밀도 0.7, 1:50,000에서는 400m 간격에 0.82의
밀도에서 선택된 건물들이 지형도상의 시가지 표현 지역 또는 건물밀집도가
높은 마을로 선택되었다.[9]

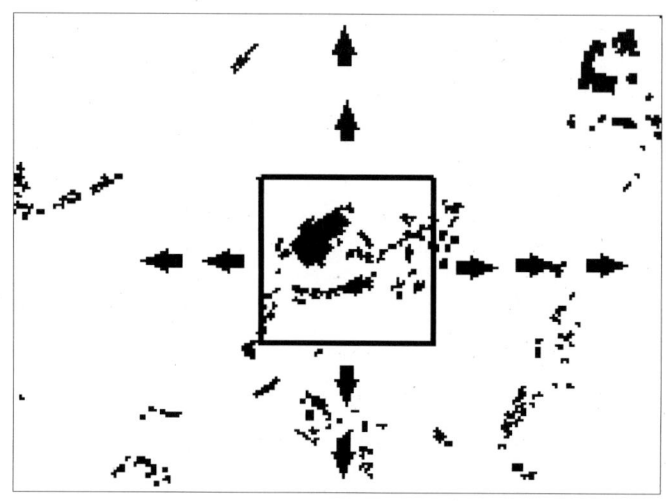

(정방형의 상자를 전·후·좌·우 반복적으로 이동하면서 지도 전체
를 탐색하여 상자 안에 포함된 건물들을 찾는다.)

그림 50. 윈도우 탐색법의 원리

---

9) 여기서 상자의 간격과 건물밀도는 윈도우 탐색법에 미치는 영향이 크다. 실험에서
  상자의 간격을 50~600m, 건물밀도를 0.5~1까지 변형시켜가며 지형도와 비교해본
  결과, 상자의 간격이 작고 건물밀도가 작을수록 작은 규모의 촌락과 면적이 큰 독립
  건물들이 선택되었다. 즉, 상자의 크기를 50m, 건물밀도를 0.5로 하였을 때 시가지
  지역으로서보다는 촌락이 선택된 형태로 나타났다. 그렇지만 상자의 크기가 300m,
  건물밀도가 0.65를 넘어가면서부터 시가지와 건물이 밀집된 지역들이 선택되기 시작
  하였다. 반면에 밀도가 커지면 선택되는 건물들의 수는 줄어드는 것으로 나타났다.
  상자의 크기가 400m, 건물밀도가 0.9 이상에서는 시가지 지역 일부가 선택에서 제
  외되었다.

제5장 일반화 모델의 적용과 평가

  본 연구는 충남 연기군과 충북 청원군 지역을 사례 지역으로 1:5,000 수치
지형도 25장을 이용하였으며, 촌락, 건물밀집지역, 도로, 하천, 저수지, 행정구
역, 등고선의 6개 지도요소를 대상으로 일반화를 적용하였다.

  이 지역은 인문·자연에 관한 지도요소들이 골고루 분포하는 지역이다. 인문
적 요소는 시가지, 농경지대, 촌락이 고르게 분포하며, 결절지로서의 조치원역
과 부강역은 예부터 물자의 주요 수송 통로였다. 자연적으로는 강외면 평야를
중심으로 금강의 지류인 미호천과 소규모 하천들이 발달되어 있으며, 화강암의
차별침식에 의한 곡지지형들이 발달되어 있다. 구릉과 평야는 자연적인 입지로
서 인간의 생활 터전이 되어온 곳이며, 크고 작은 공장들이 역과 고속도로 변
의 접근성이 좋은 위치에 입지하고 있다.

  일반화의 평가에 있어 모든 지도요소에 대해 동일한 평가 방법을 적용할 수
는 없다. 규칙기반 일반화의 특성상, 등고선과 행정구역은 선형요소 일반화 알
고리즘과의 비교가 가능하지만 촌락, 건물밀집지역, 저수지, 도로, 하천은 일반
화 과정에서 규칙이 적용되기 때문이다. 또한, 점으로 구성된 촌락, 실폭과 단
선이 복합적으로 구성된 도로와 하천, 면으로 구성된 저수지의 일반화에 있어
비교할 만한 방법론의 개발이나 평가 방법이 적은 편이다. 따라서 일반화 결과
의 특성에 따라서 정성적 평가와 정량적 평가를 실시하였다. 정성적인 평가는
답사, 항공사진, 지형도와 비교하였고, 정량적으로 비교 가능한 지도요소는 선
의 길이, 자료점, 각도, 벡터변위 및 프래탈 분석을 하였다.

  도로, 하천, 건물밀집지역, 촌락, 호수 등과 같은 주로 규칙에 의한 일반화는
현장답사와 항공사진을 중심으로 비교분석하였다. 등고선, 행정구역의 일반화는
정량적 비교를 실시하여 D-P와 Simoo 알고리즘을 비교하였다(표 28).

표 28. 지도요소별 일반화 방법과 평가 방법

방법 및 평가 \ 지도요소	일반화 방법	평가 방법
촌 락	패턴 분석에 의한 반경 내 점제거	답사와 분산 평균비, 지도
건물밀집지역	윈도우 탐색법에 의한 건물선택	답사, 항공사진
도 로	중심선 추출과 제거, 건물과의 관계	답사, 지도
하 천	중심선 추출과 제거, 저수지와의 관계	답 사
저수지	면 적	수의 변화
행정구역	Simoo	D-P와 형태변화, 오차 검증으로 비교
등고선	Simoo	D-P와 형태변화, 오차 검증으로 비교, 프랙탈 차원

 기존 발행된 지형도와의 비교는 지형도제작 시 발생한 오차로 인해 제외하였다. 그림 51은 수치지형도와 1:25,000 지형도에서 도로를 중첩시킨 것인데, 1m~45m 정도의 편차가 나타났다(그림 51). 이미 보급된 1:25,000 수치지형도는 1:5,000 수치지형도를 일반화하여 수정 편집한 것이다. 그러나 등고선, 농경지, 기타 기호 등 몇 가지만 제외하고는 일반화 정도가 낮아, 육안으로는 수치지형도를 합친 것과 별 차이가 없는 것으로 분석되었다. 그림 52는 도로를 중첩시킨 것인데, 원으로 표시된 곳을 제외하고는 동일하여 일반화된 차이를 확인하기 어렵다.

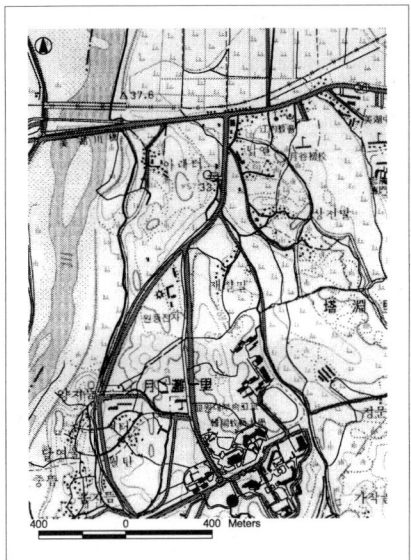

1:5,000 수치지형도의 도로 중첩
(1:5,000과 1:25,000의 도로가 육안으로도
구별될 정도로 편차가 크다.)

1:5,000 수치지형도의 도로 중첩
(원으로 표시된 부분만 차이가 있고 다른
지역은 동일하다.)

그림 51. 1:25,000 지형도와   그림 52. 1:25,000 수치지형도와

  평가는 1:5,000 수치지형도를 기준으로 상대적 변화를 측정하였다. 알고리즘에 대한 평가는, 주로 적용 전·후의 선형요소의 벡터 변위차에 의한 면적, 길이, 벡터 변위량, 곡률의 비교 등 다양한 방법들이 제시되고 있다 (McMaster, 1986; 김두일·김종석, 1998). McMaster(1987)는 단순화에 대한 평가요소로서 각도 변화율, 선의 변화율, 벡터 변위, 총길이 변화율, 변위면적 변화율 능 9가지 평가 기준을 제시하였나. McMaster의 평가 방법은 두 가지로 해석될 수 있는데, 선형요소의 지도학적 형태 변형 평가와 위치 변화에 따른 오차검증이다.
  본 연구에서는 선의 길이 변화율, 자료점의 감소율, 각도, 벡터 변위, 프랙탈 차원의 5가지 측정 방법을 사용하였다.

선의 길이 변화율=(일반화 후 선의 길이 / 일반화 전 선의 길이)×100
자료점의 감소율=(일반화 후 자료점의 수 / 일반화 전 자료점의 수)×100

각도에서는 선을 구성하는 자료점들의 편각을 측정하였다. 벡터 변위의 측정은 일반화 전후의 각 자료점에서 수선을 그어 그 길이를 측정하였다(그림 53). 여기서 선의 길이 변화율과 자료점의 감소율 및 각도는 형태적 변화에 대한 측정이고, 벡터 변위는 오차에 대한 검증이다.

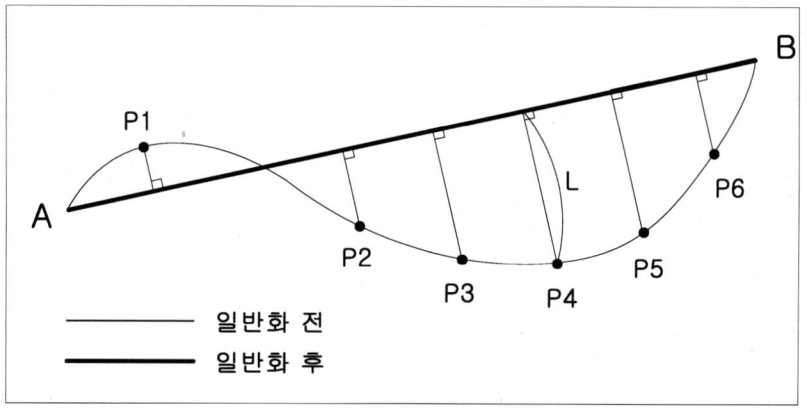

그림 53. 벡터 변위 측정 원리

이상적인 일반화는 길이와 벡터 변위를 최소화하고 자료점의 제거는 최대화시키면서, 축척에 따라 미적인 품질을 유지하는 것이다. 그런데 대부분의 알고리즘들은 선형요소의 기하학적 형태 변형을 중심으로 연구되었기 때문에, 평가도 지도학적 측면보다는 기하학적인 측면 위주로 이루어졌다. 지도요소들이 지도에 지표상의 위치, 형태, 정보량 등을 질서 없이 사실 그대로 묘사하게 되면 복잡해진다. 지도제작에 있어 오차범위의 허용은 지도의 미적 품질 유지와 질서를 유지하기 위해 인정되는 범위이다. 따라서 일반화 정도와 지도학적 표현 문제는 서로 역의 상관관계를 보인다. 지도학적 표현을 지향하는 일반화는 단순화보다는 완만화에 가깝다. 따라서 완만화는 자료점의 이동이나 새로운 점의 만듦으로서 선을 부드럽게 하므로 벡터변위가 단순화보다 크게 나올 수밖에 없다.

프랙탈은, Mandelbrot(1967)이 축척이 커짐에 해안선의 길이가 대수적으로 증가한다는 사실에서 개념과 원리를 발전시킨 것이다(Lam and De Cola, 1993; Koike, 1995). 프랙탈 개념은 불규칙적인 혹은 파편화된 선형 또는 형태들의 조각들이 전체를 구성한다는 것이다. 다시 말하면, 작은 부분 현상들이 모여 전체의 공간현상을 이룬다고 정의할 수 있다(Mandelbrot, 1982; Kaye, 1994). 이러한 프랙탈은 대축척에서 나타나던 현상이 소축척에서도 유사성을 가지고 반복되는 자기유사성(self-similarity)의 특징을 갖는다(Clarke and Schweizer, 1991; 이민부 외 2001). 프랙탈에서는 현상 세계를 차원(dimension)으로 설명하고 있다. 일반적으로 차원은 정수 차원(1, 2, 3차원)으로 정의되나, 프랙탈에서는 1.0은 1차원, 1.0~2.0은 2차원, 2.0~3.0은 3차원으로 정의한다. 차원 값이 커질수록 현상을 설명하는 정도는 커진다. 즉, 2차원에서는 차원 값이 2.0에 가까울수록 복잡성이 커지는 것이다. 지도학에서는 자기유사성과 차원을 이용하여 지도요소의 복잡한 정도의 설명, 지도일반화, 보간 등에 관한 연구가 진행되어 왔고, 지리학에서는 불확실한 현상을 프랙탈 원리를 이용하여 설명하려 하고 있다(Clarke and Schweizer, 1991; Lam and De Cola, 1993).

프랙탈 차원의 결정은 다양한 공간현상을 대상으로 연구되어 왔다. 선의 복잡한 정도를 설명하는데 있어서는, Richardson의 이중 log 그래프에서 원용한 Walking Divider 방법이 간단하면서도 정확한 것으로 알려져 있다(Richardson, 1961).

Walking divider법은 선 L을 측정자 $r(ruler)$로 측정하여 측정된 횟수 $N(r)$이라할 때, 전체의 길이 $L=r{\times}N(r)$의 관계가 성립된다. 이 과정에서 r의 크기를 $1/(2^*r)$단위로 반복적으로 계산하는 것이다(그림 54).

프랙탈 차원 D의 계산은 간단히,

$$D = \frac{\log N}{\log \frac{1}{r}} \text{ 로 풀이되는데, 여기에서} \dots\dots\dots\dots\dots\dots(16)$$

$$L \propto r \frac{1}{r}^{D} \dots\dots\dots\dots\dots\dots\dots\dots\dots\dots(17)$$

$$L = a \left(\frac{1}{r^{(D-1)}} \right) \dots\dots\dots\dots\dots\dots\dots(18)$$

$$\log L = \log a + \log 1 - (D-1) \log r \dots\dots\dots\dots(19)$$

미분하여 구한 Richardson의 기울기에서, 프랙탈 차원 D는

$$D = 1 - \frac{d\log L}{d\log r} \dots\dots\dots\dots\dots\dots\dots\dots(20)$$

가 된다.

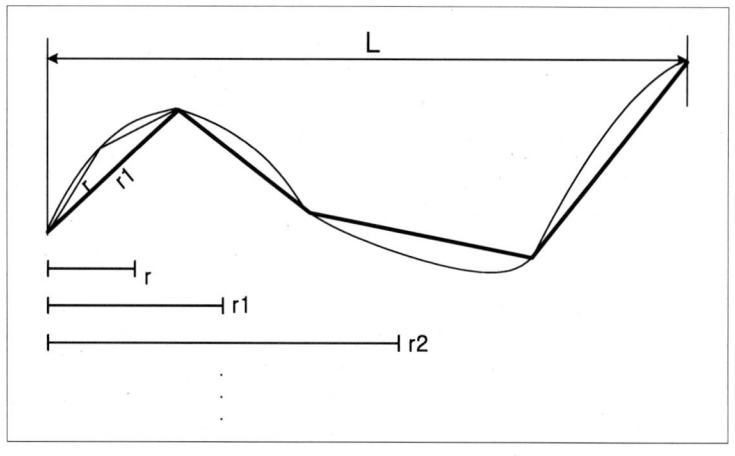

그림 54. Walking Divider에 의한 프랙탈 측정 원리

공간 현상에서 프랙탈 차원은 인위적으로 조직된 것들보다는 자연계의 현상, 즉 자연지리적인 현상들을 설명하기에 적합한 것으로 알려져 왔으며, 하천, 해

안선, 등고선, 토양, 분지 등을 프랙탈로 설명하는 연구들이 많았다(Clarke and Schweizer, 1991; 이민부 외, 2001; 이민부·김남신, 2002).

일반적으로 축척 변화에 따라 선형요소들의 공간적 해상도가 감소하게 되면, 현상이 단순해지면서 프랙탈 차원이 감소한다. Laurence and Carstensen (1989)의 연구에 따르면, 프랙탈 차원 D는 축척이 줄어들면서 감소하는 것으로 분석되었다(표 29).

프랙탈 차원이 감소하는 주된 요인은 선의 각도가 감소하기 때문이다. 그러나 일반화 자체가 선형요소들의 새로운 공간적 변동을 유발하게 된다면, 프랙탈 차원은 소축척에서도 증가하거나 일정하지 못할 것이다. 따라서 프랙탈 차원은 선형요소들을 일반화시키는 알고리즘 평가를 위한 방법이 될 수 있다.

표 29. 등고선의 프랙탈 차원 (Laurence and Carstensen, 1989에서 재인용).

축 척	프랙탈 차원(D)
24,000	1.092
63,360	1.059
100,000	1.083
126,700	1.056
161,770	1.076
250,000	1.053
500,000	1.038
844,800	1.019

1. 촌 락

촌락은 점으로 표현되는 다른 지도요소보다 분포패턴에 따른 공간특성의 반영 정도가 크기 때문에 일반화에 주의해야 한다. 촌락은 농경지와 같이 단순한 점기호가 아니며, 점으로서 클러스터, 면 또는 선형의 공간현상을 파악할 수 있게 해준다.

수치지형도에서 촌락은 실물로 표시되어 있다. 지도상의 모든 건물은 면으로 표시되어 있기 때문에, 건물들에 대한 밀도 분석을 통해 점으로 일반화시킬 필요가 없는 건물밀집지역 및 일정 크기 이상의 공장이나 학교, 기관 건물들을 제외한 독립가옥들을 촌락으로 선택하였다. 1:25,000과 1:50,000에서 4~625m^2 크기의 촌락들을 선택한 후 무게중심을 점으로 일반화하였다(그림 55).

점으로 전환된 점들을 일반화하기 위해, 방형격자 간격에 따라 점들의 분포 패턴 분석을 실시하였다. 방형격자 크기를 5m씩 2.5m 간격으로 확대해가며 분석한 결과, 7.5m 이상에서부터 공간적 패턴이 클러스터 형태로 변하기 시작하였다(표 30). 유의수준 1.96을 기준으로 할 때, 12.5m 이상이 되면 공간적으로 밀집된 패턴을 보이기 시작한다.

표 31과 표 32에서 자료점의 제거량을 살펴보면, 버퍼링에 의해 제거된 점의 수가 Töpfer의 제곱근 법칙에 가까운 것은 각각 5m와 6.25m에서이다.

이를 바탕으로, 버퍼링에 의한 점의 제거 반경을 1:25,000은 5m, 1:50,000은 6.25m로 결정하여 점들을 제거하였다. 일반화 결과에 대해 1:50,000에서의 자료점 지도화의 최소간격인 10m를 기준으로 분산평균비를 분석한 결과, 표 33과 같이 클러스터 패턴을 유지하는 것으로 나타났다.

표 30. 촌락의 분산평균비

격자 크기 \ 분석치	분산 평균비	기대값(Z)
5m	0.9	−0.7
7.5m	1.003	0.82
10m	1.007	1.40
12.5m	1.039	5.56
15m	1.093	11.04
17.5m	1.114	11.62

표 31. 버퍼링에 의한 자료점 제거

1:5,000	점제거 반경	제거된 점의 수
15,831	2.5m	15,437
	3.75m	13,289
	5m	8,116
	6.25m	4,774
	7.5m	3,257
	8.75m	2,339

표 32. Töpfer 제곱근법에 의한 점제거

점의 수 ＼ 축 척	1:5,000	1:25,000	1:50,000
Töpfer	15,831	7,080	5,006

표 33. 일반화 후 촌락의 분산평균비

축척 ＼ 분석치	분산 평균비	기대값(Z)
1:25,000	1.20	4.13
1:50,000	1.07	1.82

   일반화 결과, 촌락의 분포패턴은 전형적인 클러스터이다(그림 56). 촌락은 주로도로, 구릉과 평야가 만나는 점이지대, 그리고 골짜기를 따라 분포한다. 이 중 구릉과 평야가 만나는 일부 지역을 확대하여 비교한 결과, 1:25,000 및 1:50,000 지형도에서 점으로서의 촌락의 수는 감소하지만 분포패턴에는 영향을 미치지 않으므로 지리적인 고유한 특성을 유지하는 것을 확인할 수 있다.
   이러한 유형이 나타나는 것은, 점들과 다른 요소들 간의 공간적 상호작용, 즉 촌락의 형성·유지·발전 요인의 영향 때문이다. 촌락의 발달형태를 결정짓

는 요인에는 인구, 토지이용, 도로 등이 있다. 그러나 본 연구에서 적용된 방법은 이들의 공간적 상호작용에 의한 발달 과정을 고려하지 못하고 있어, 이에 대한 보완 연구가 필요하다.[10]

---

10) 점들의 분포패턴은 점의 수와도 관계가 있지만 기호의 크기와 이들이 배열되는 형태 및 위치에 따라 다양하다. 지도제작에서 수평변위 오차를 두는 것은 지리정보들이 실재하는 위치에 그리는 것도 중요하지만 공간현상의 특징을 지도에 잘 표현할 수 있는 여지를 주기 위한 것이다. 따라서 점과 같은 경우는 일반화할 때 도화되는 점의 수를 줄이는 것도 중요하지만 기호의 크기, 배열관계, 위치에 대한 고려도 필요하다. 또한 본 연구에서 방형격자 크기에 버퍼링을 적용하여 영향권 내에 있는 점들을 제거하는 방법에 대해서는 좀 더 구체적인 연구가 요구된다. 방형격자법은 격자의 크기, 격자의 출발점과 선택해가는 방향에 따라 공간적 분포패턴이 다양하게 계산될 수 있기 때문이다. 또한 선택된 점들의 제거는 "선택된 점들을 이동하고 일부만 제거하느냐" 아니면 "새로운 중심점을 생성하고 선택된 점들을 제거하느냐" 등 다양한 방법이 있을 수 있기 때문이다.

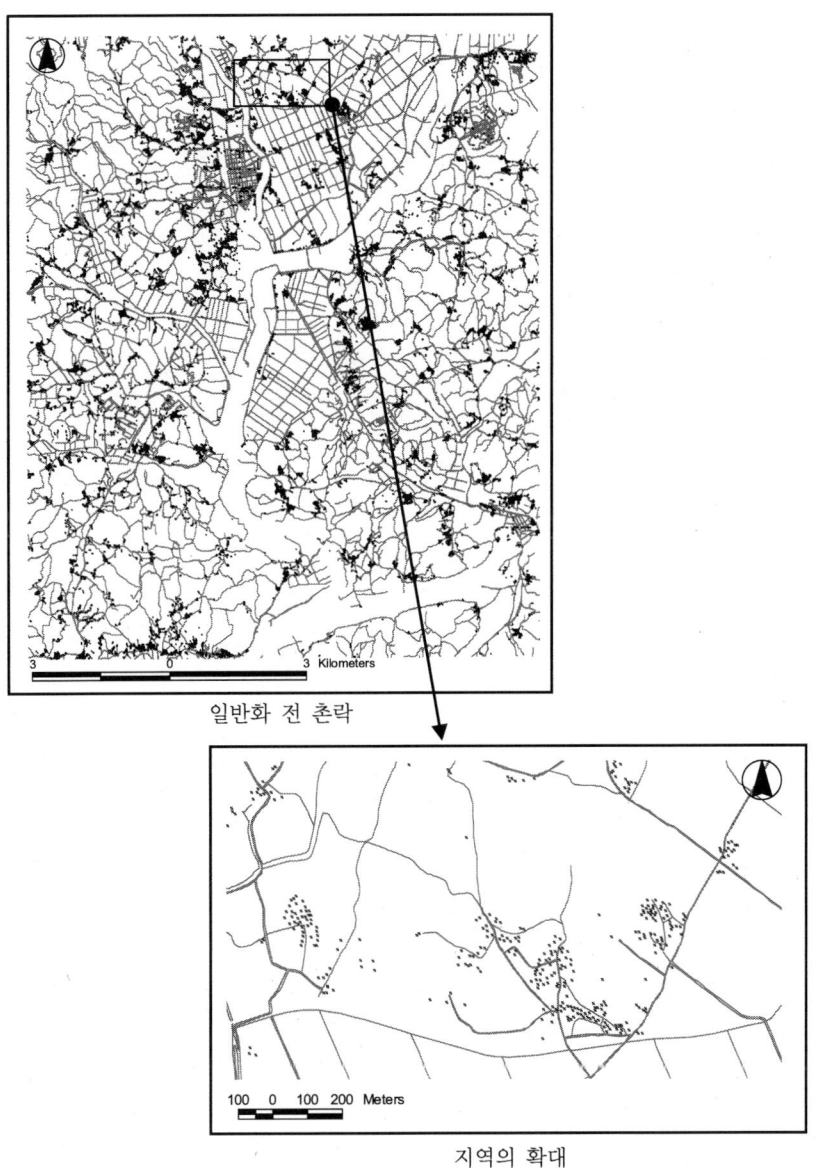

일반화 전 촌락

지역의 확대

(촌락의 간격이 너무 좁아 응집되어 나타나기 때문에 확대해야 촌락들의 식별이 가능하다.)

그림 55. 일반화 전의 촌락 분포

142

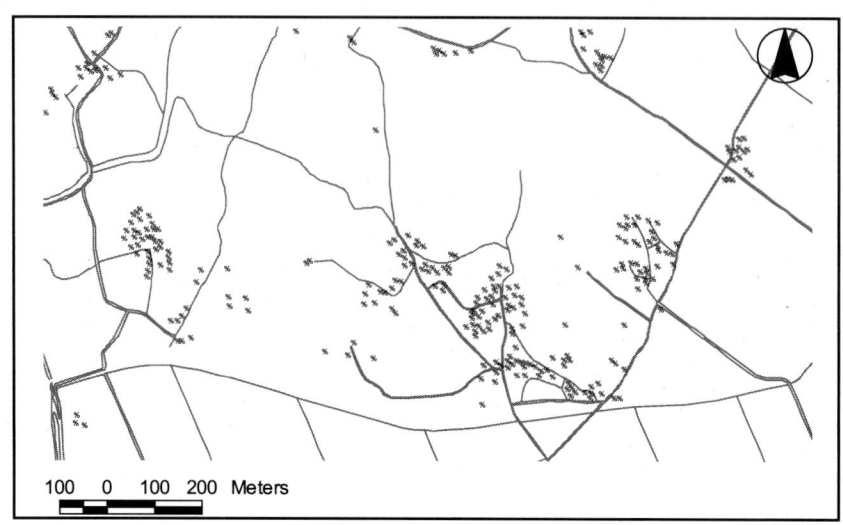

일반화 후의 1:25,000

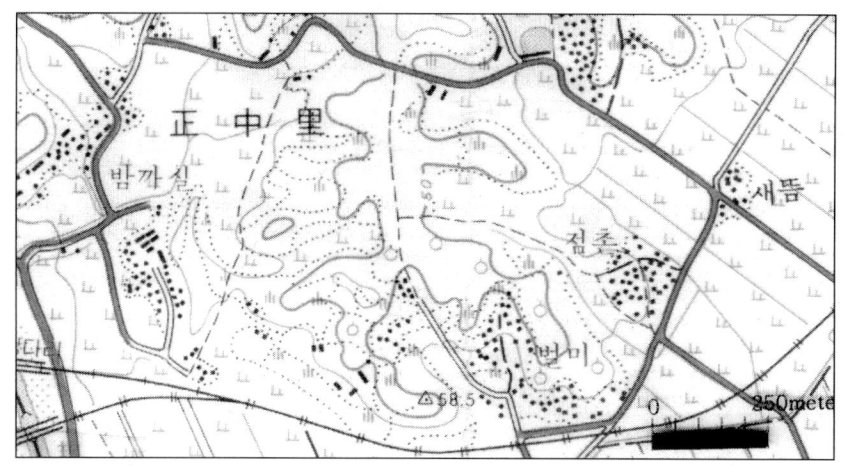

1:25,000 지형도

그림 56. 촌락 일반화 후와 지형도 비교

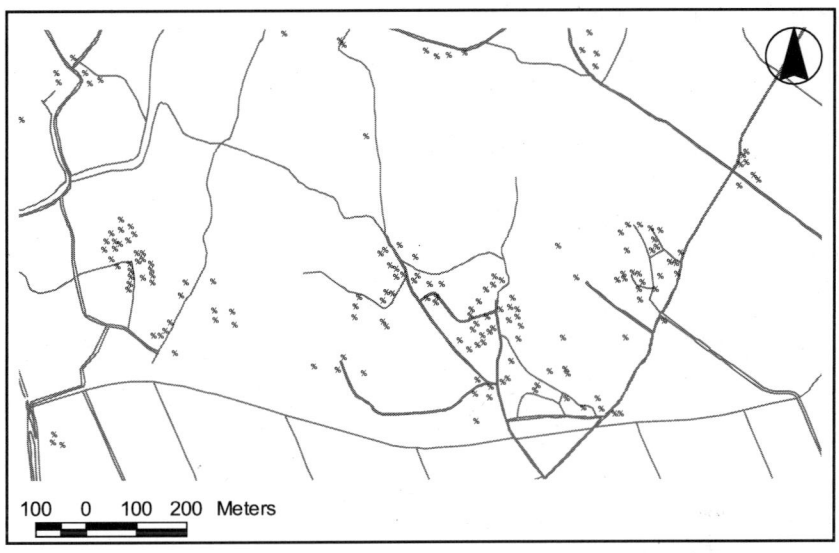

일반화 후의 1:50,000

1:50,000 지형도

(1:25,000에서는 촌락의 분포패턴이 뚜렷하다. 1:50,000에서는 점이 감소하기는 했지만 촌락들의 클러스터 형태는 유지되는 것을 확인할 수 있다.)

그림 56. 촌락 일반화 후와 지형도 비교 (계속)

2. 건물밀집지역

건물이 밀집된 지역은 대부분 읍, 면단위 이상의 중심지이거나, 촌락들이 규모가 큰 집촌을 형성하는 경우이다. 지형도에서는 건물이 밀집된 지역 중 읍·면단위 이상의 행정중심지를 적색의 면으로 표시하고 있지만, 지리학적인 의미는 약하다. 건물이 밀집된 지역을 시가지로 표시할 때는 지리적 특징들이 유지되어야 한다. 건물의 밀집 정도를 찾는 방법에는 여러 가지가 있으나, 여기서는 건물밀도를 분석하였다. 일반적으로 시가지 건물들은 1~5m 미만의 간격으로 배치되어 있기 때문에 밀도 분석이 적합한 것으로 판단되었다.

밀도 분석은 4장에서 제시한, 이동 윈도우 탐색법을 적용하여, 지도상의 건물 전체에 대한 밀도를 계산하는 방법을 사용하였다. 윈도우 탐색을 진행하면서 건물밀도가 임계 기준 이상인 지역 내에 있는 건물들만 선택하게 된다. 표준화된 기준이 없기 때문에, 지형도에 표시된 시가지 지역과 비교하여 유사한 패턴으로 나타나는 때의 값을 임계값으로 지정하였다. 반복적으로 계산한 결과, 탐색 반경 400m에서 1:25,000은 0.7, 1:50,000은 0.82로 했을 때 지형도의 패턴과 일치하는 결과가 나왔다.[11]

분석 결과, 조치원읍, 부강, 오송, 내판, 봉암리 일대는 1:25,000 및 1:50,000 지형도와 일치하였다. 그러나 그 외에도 1:25,000에서는 충북 청원군 다락골, 청원군 부용면 하갈, 그리고 충남 연기군 남면 평촌, 연기군 연기리 장승백이가 건물밀집지역으로 확인되었다(그림 57).

1:25,000 지형도와 일치하지 않는 지역을 대상으로 답사 및 항공사진과의 비교 분석을 실시하였다. 그림 57에서와 같이 예외 지역의 촌락들은 생활 기반

---

11) 윈도우 탐색법은 탐색 격자의 크기, 지도에서 격자가 탐색해가는 방향과 위치에 따라 건물밀집지역의 선택이 달라진다. 본 연구에서는 격자의 크기와 밀도를 일정 간격으로 확대해가며 지도에서 격자의 크기를 40%씩 중복해가며 반복적으로 계산하였기 때문에 탐색 방법에 대한 보완이 필요하다. 또한 지형도와 어느 정도 일치하며 지리학적으로 의미가 있는 건물밀집지역이 선택되었는지에 대한 정량적 분석이 수반되어야 할 것으로 본다.

을 유지하기 위한 좁은 도로들이 폭 1~3m의 간격으로 미로를 이루고 있다. 가옥들은 담을 사이에 두고 밀집된 모습을 보인다. 이러한 지역은 대부분 집성촌으로서, 농경지를 기반으로 형성되어 있다. 한편, 연기군 장승백이는 조치원읍과 인근 청주를 배후로 성장하고 있는 도시적인 성격을 갖는 촌락의 모습을 보인다. 도로망의 결절 또는 접근성을 이용하여 성장 유지되는 지역은 연기군 동면 내판리로서, 농경을 기반으로 하면서도 철도역을 중심으로 촌락이 발달하였다.

146

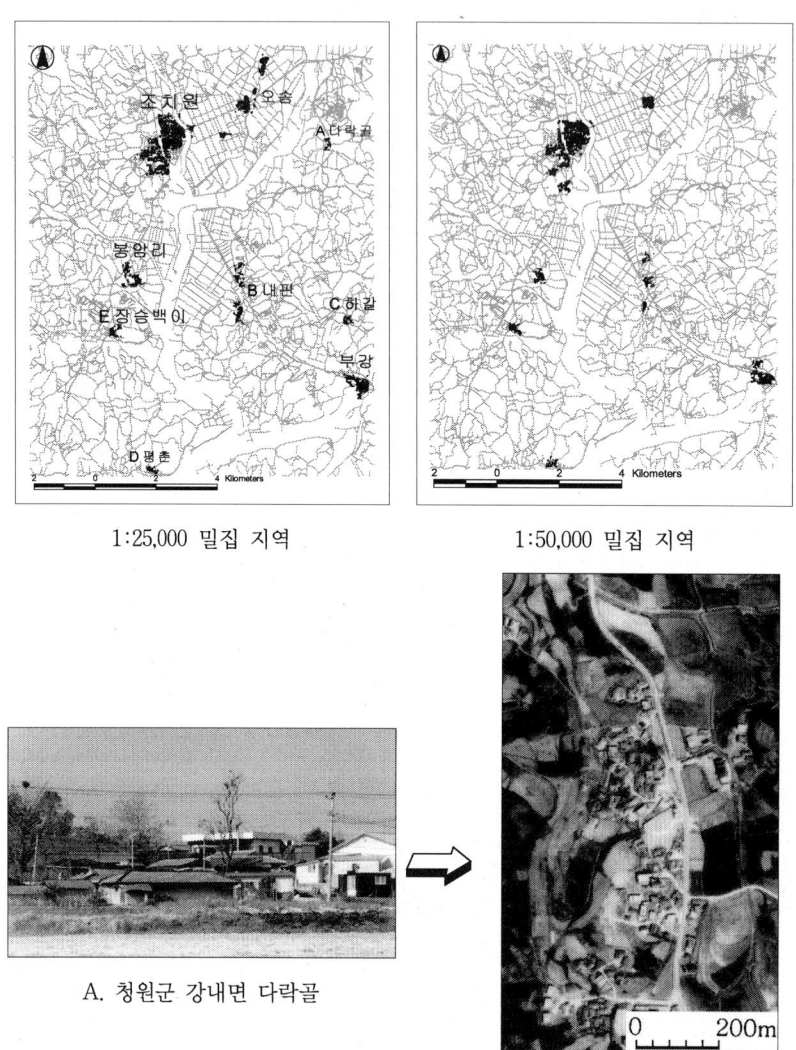

1:25,000 밀집 지역   1:50,000 밀집 지역

A. 청원군 강내면 다락골

자료 : 국립지리원, 1999.4 촬영

항공사진

(1:25,000은 지형도와 비교하여 시가지 지역은 일치하였고 촌락의 밀도가 높은 지역이 일부 선택되었다. 1:50,000은 지형도와 일치한다. 이하는 예외 지역의 사진과 항공사진을 비교한 것이다.)

그림 57. 건물밀집지역 일반화 결과

B. 청원군 부용면 하갈

자료: 국립지리원, 1999.4 촬영
항공사진

C. 연기군 동면 내판리

자료 : 국립지리원, 1999.
4 촬영
항공사진

그림 57. 건물밀집지역 일반화결과(계속)

D. 연기군 남면 평촌   자료: 국립지리원, 1999.4 촬영
항공사진

E. 연기군 연기리 장승백이   자료: 국립지리원, 1999.4 촬영
항공사진

그림 57. 건물밀집지역 일반화 결과(계속)

건물밀집지역의 일반화 결과는 지형도와 일치하는 경향을 보인다. 면의 집합
체로서 표현되기 때문에 기존 지형도상의 시가지와는 차이가 있다. 이의 해결을
위해서는 시가지 권역경계를 설정할 수 있는 지리학적 보완연구가 필요하다.

3. 저수지

저수지의 일반화에서는 지리적으로 예외적인 것들을 제외하고는 면적으로
일반화시킨다. 1:25,000은 625m², 1:50,000은 2,500m² 이상의 크기만을 유지하
고, 나머지는 제거한다. 일반화 결과, 1:5,000에서의 83개 저수지 중에서
1:25,000에서는 44개, 1:50,000에서는 22개가 유지되었다(그림 58).

농경이나 식수원으로서의 중요도가 높은 지역에서의 저수지는 크기에 관계 없이 지도화가 필요하다. 하천이나 관개가 발달하지 않은 지역에서는 저수지가 농경활동에 미치는 영향이 크다. 이런 경우, 제거를 위한 선택 일반화의 예외로서 처리한다. 그런데 사례 지역은 현장 답사 결과 예외적인 역할을 하는 저수지를 찾을 수 없었으므로 면적에 따라 일반화를 실시하였다.

일반화된 저수지들을 답사한 결과 1:50,000에서 확인된 22개의 저수지를 제외하고는 대체로 경지로 개간되거나 토사의 매립으로 인해 저수지로서의 역할을 하지 못하는 것으로 확인되었다. 저수지 중에서 규모가 큰 것들은 미호천을 따라서 표시되어 있는데, 이들은 대부분 습지로 확인되었다. 그것은 지형도제작 당시 우기에 촬영된 항공사진에서 저수지로 인식된 것으로 판단된다.

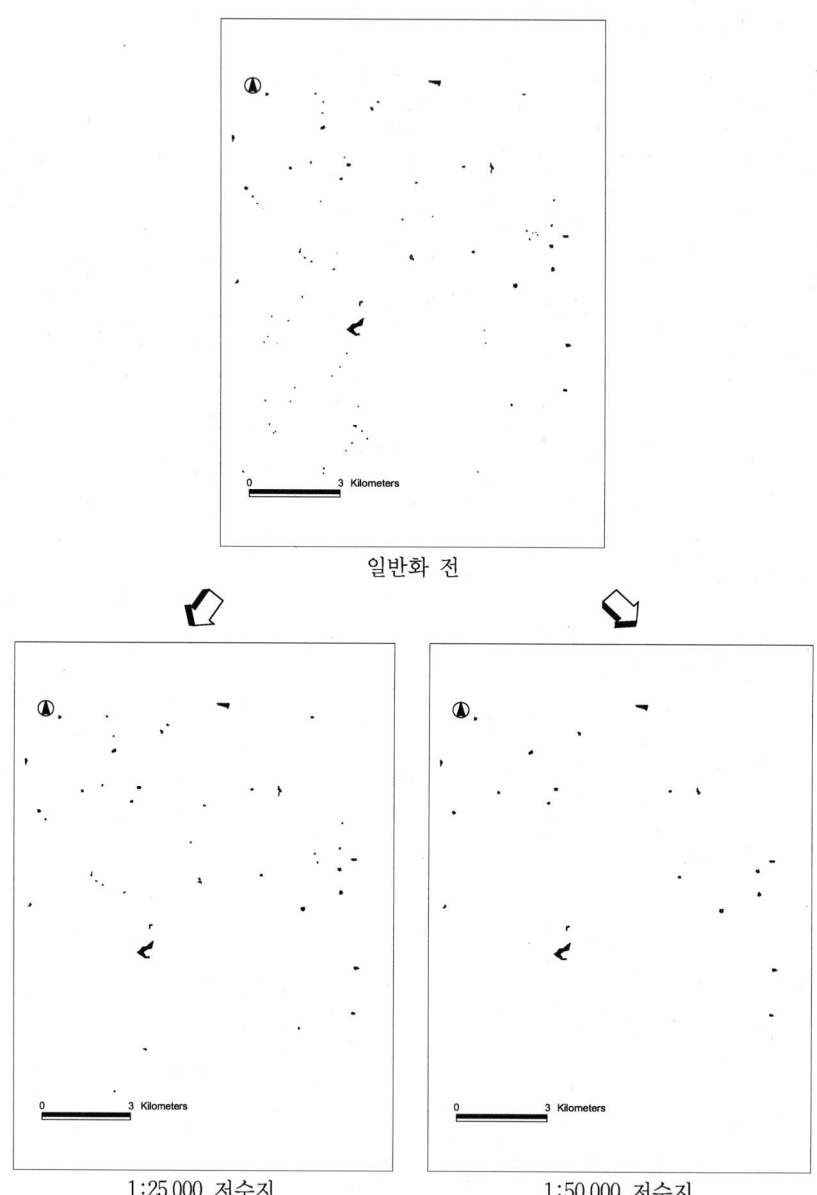

일반화 전

1:25,000 저수지

1:50,000 저수지

(축척별로 저수지의 감소가 뚜렷이 나타나고 있다. 일반화 전의 저수지들 중, 크기가 작은
것은 점으로서 표현되고 있지만 일반화 후의 저수지들은 면으로 나타난다.)

그림 58. 저수지의 일반화

4. 하 천

하천은 저수지와의 공간적 관계를 고려하여 차수별로 일반화를 실시하고, 축척에 따라 실폭으로 표현된 하천에서 중심선을 만들어가는 과정을 따른다. 저수지와의 공간적 관계를 우선 고려해야 되는 이유는, 하천 연장선의 길이만을 기준으로 한다면 저수지에 이어지는 하천의 길이가 짧은 경우에 제거되는 문제가 발생하기 때문이다. 이러한 경우, 지도상에서 하천과의 연결이 끊어진 독립된 저수지로 남게 된다(그림 59). 호수는 하천의 연장선상에 만드는 것이 일반적이나, 그림 59와 같이 일반화되면 하천이 발달되지 않은 지역에서 경지관리를 위해 건설한 것으로 해석될 수 있다. 이 같은 호수의 수위는 주로 강수에 의존하게 되므로, 토지이용 패턴 해석에 있어서도 물을 제한적으로 필요로 하는 작물들이 재배될 것이라는 추정오류의 문제가 발생한다.

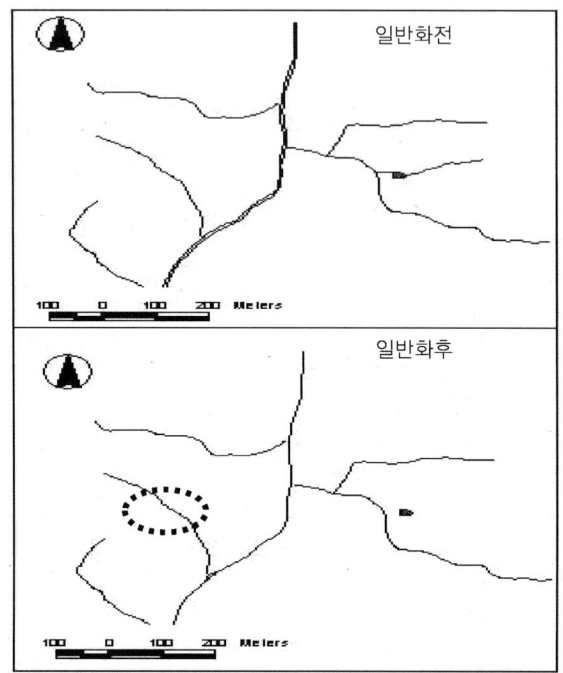

(하천과 저수지의 관계를 고려하지 않고 일반화시키면 일
반화 후에, 저수지를 연결하는 하계망이 제거되는 문제가
발생한다.)

그림 59. 하천의 공간적 관계를 고려한 일반화

수치지형도는 하천에 대한 위상정보가 없기 때문에, 하천을 일반화시키기 위
해서는 하계망을 위계적으로 서열화시켜야 한다. 하계망의 공간적 서열은
Strahler의 차수법을 적용하여, 축척에 따라 저차수를 중심으로 일반화를 진행
하였다.

축척별로 버퍼링하여 6m 이하의 하천들을 찾은 다음, 티센 다각형망을 조직
하여 하천의 중심선을 추출하였다(그림 60). 그림 61에서와 같이 1:25,000과
1:50,000에서 ○으로 표시된 부분이 하천이 제거된 부분이다. 사례 지역의 실
폭하천은 108개로, 이중에서 폭이 6m 이하인 하천은 17개로 확인되었다(그림

61). 종촌천을 답사한 결과, 하폭이 5.5m로서 일반화의 결과와 일치하는 것을 확인할 수 있었다.

차수 분석 결과를 바탕으로 제거되어야 할 하천은 주로 1, 2, 3차수로서, 축척별로 1:25,000은 200m, 1:50,000은 250m 이하의 크기를 제거하였으며, 마지막으로 Simoo 알고리즘을 적용하였다. 그 결과, 1:5,000에서는 총연장이 517,357m였으나 1:25,000으로 일반화를 실시한 결과 430,190m로서 17%가 감소했고, 1:50,000에서는 29%가 감소한 370,358m로 나타났다.

그렇지만, 1:5,000에서 단선으로 표현된 하천들은 대부분 건천으로서 우기에만 흐르는 경우가 많다. 따라서 하천을 일반화하기 위한 보다 실질적 대안을 위해서는 건천과 일반 하천을 구분할 필요가 있다. 그렇지 않으면, 일반화된 후에도 지도상에 필요 이상의 하천들이 남게 되어 복잡해질 뿐만 아니라, 일반화의 제한 요인으로 작용하게 된다.

154

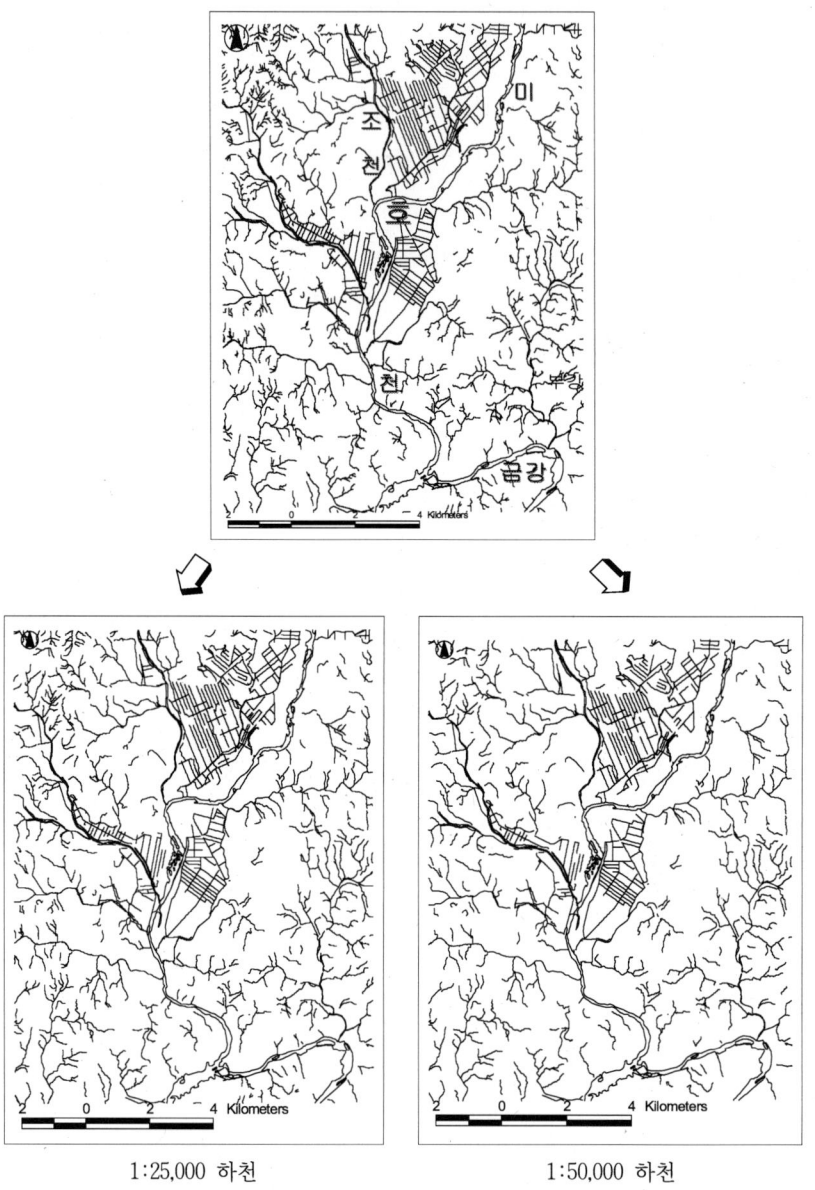

1:25,000 하천   1:50,000 하천

그림 60. 하천의 일반화 결과

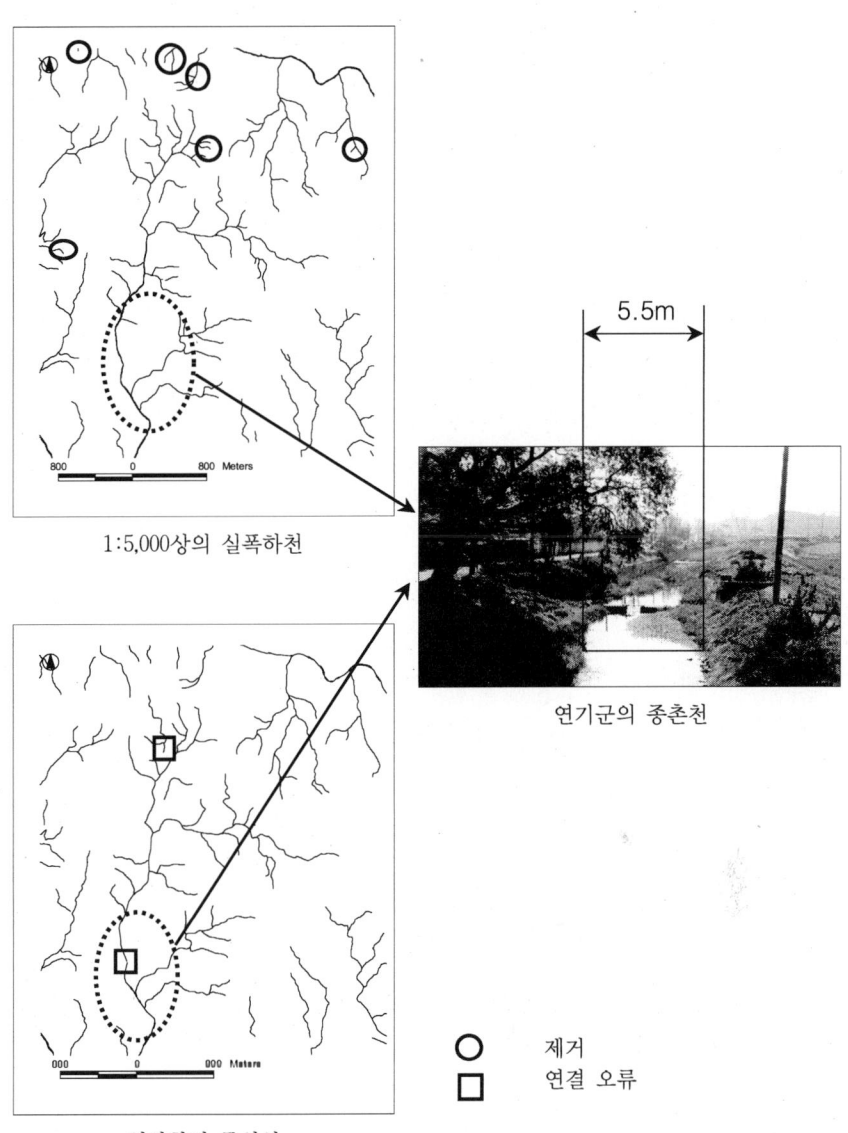

1:5,000상의 실폭하천

연기군의 종촌천

일반화된 중심선

○   제거
□   연결 오류

(차수별 하계망의 제거는 잘 되었지만 단선화된 하계망에서는 부분적으로 오류들을 확인할 수 있다.)

그림 61. 실폭 하천의 중심선

또 다른 문제점은, 하중도가 발달한 지역과 하천이 분기되는 결절 지역에서의 하천 중심선 추출에서 발생하였다. 따라서 이들 문제점에 대한 보완 연구가 요구된다. 하중도는 중심선 추출에서 홀(hole)로 작용하기 때문에 제거하면 되지만, 하중도가 여러 개 존재하거나 하중도 내부에 또 다른 하계망이 발달되어 있을 때는 중심선이 방향성을 잃고 무작위로 생성된다. 또한, 결절 지역 중에서 문제가 발생하는 부분은 노드 간의 간격이 짧은 지역으로서, 중심선은 추출되지만 선들이 독립된 세그먼트로 떨어져 있어 결절로서 연결되지 않는다. 이는 결절 지역에서의 자료점 간격이 3m 이내인 곳에서 발생하고 있는데, 다각형망 구성의 임계치를 벗어나서 발생된 문제점으로 파악된다.[12]

5. 도 로

도로는 하천과 달리 지리적 계층성에 관한 정보들을 갖고 있다. 고속도로에서 소로에 이르기까지 계층에 따라 속성정보들이 부여되어 있으므로, 도로의 지리적 중요도별로 일반화를 적용하였다. 일반화 절차는 인접성 분석, 단선화, 제거의 과정으로 진행된다. 도로 역시 하천과 마찬가지로 다른 정보와의 공간적 관계 분석이 필요하다. 도로는 촌락이나 주요 지점을 연결하는 통로이므로 본 연구에서는 우선 촌락들과의 인접관계를 분석하였다(그림 62). 이때, 촌락과 인접한 것으로 확인된 도로들은 길이가 기준 이하라도 유지하였다. 그림 62와 같이 인접성을 고려하지 않으면 마을을 통과하는 도로들이 제거되어 단절

---

12) 티센 다각형망 구성은 자료점의 간격에 따라 다각형망의 형태가 달라질 수 있다. 자료점 간격은 1:25,000과 1:50,000이 다르게 지정되어야 한다. 일반화에 사용된 자료가 1:5,000을 기준으로 하여 두 축척을 만들기 때문에 이러한 문제가 발생한 것으로 판단된다. 또한 추출되는 중심선은 다각형의 수직이등분선을 연결한 것이기 때문에 불필요한 자료점들이 등간격으로 발생되는 문제점이 있다. 이에 대해 다양한 개선 방법들이 연구되고 있다(Mackechnie and Mackaness, 1997; McAllister and Snoeyink, 1997; Lee, 1998).

되는 문제점이 발생한다.

인접관계와 제거에 의한 일반화가 끝나면, 실폭으로 표시된 도로들 중에서 폭이 6m 이하인 것들을 대상으로 중심선을 추출하였다. 단선화에 사용된 알고리즘은 티센 다각형 구성원리를 따랐다. 도로가 순환하거나 시가지의 도로처럼 블록을 형성하여 홀(hole)을 이루는 지점에서는 오류가 나타나는데, 이는 홀(hole) 내부에 티센 다각형의 이등분선이 여러 개 형성되기 때문이다. 이를 해결하기 위해, 홀(hole)안의 다각형들을 하나의 폴리곤으로 만들어 중첩, 제거시켰다. 적용 대상은 국도 이하의 실폭도로를 기준으로 하였는데, 1:5,000에서 대상 도로는 1,508개로 확인되었다. 이중에서 기준 이하의 도로들을 대상으로 티센원리에 의해 중심선을 추출한 결과, 1:25,000과 1:50,000에서 각각 915개의 도로들이 단선화되었다(그림 63). 그림 64에서와 같이 현장 답사에서 확인된 도로는 폭이 5m로서 적용한 결과와 일치하는 것으로 확인되었다.

그림 64는 일반화된 도로를 비교한 것인데, ○ 표시된 부분이 제거된 도로의 예이다. 제거된 도로는 주로 수치지형도상의 소로인데 1:25,000은 200m, 1:50,000은 250m를 기준으로 하였으며, 군도, 면리 간 도로, 부지안 도로는 각 축척별로 25m, 50m를 기준으로 제거하였다. 1:5,000에서 도로의 총길이는 823,021m인데, 1:25,000에서는 638,696m로 23%, 1:50,000에서는 545,206m로 34%가 제거되었다.

도로 제거율에 영향을 미친 것은 주로 소로인 것으로 판단된다. 사례 지역의 지도는 1995년에 촬영된 항공사진을 기초로 제작된 것이기 때문에, 도로망 정보들이 갱신된 지도를 이용하여 일반화를 실시한다면 현실적으로 도로의 감소율이 이보다 낮을 것으로 예상된다. 인문 정보들은 자연 정보들보다 변화속도가 빠르기 때문에 지도상에는 소로로 표현되어 있을 지라도 현재는 실폭으로서 국도 이상의 도로 역할을 하는 곳들이 많기 때문이다.

158

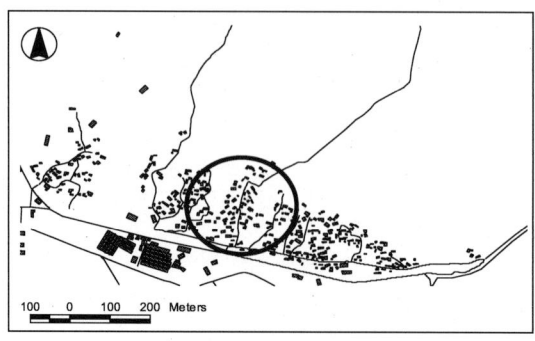

인접성에 의한 일반화

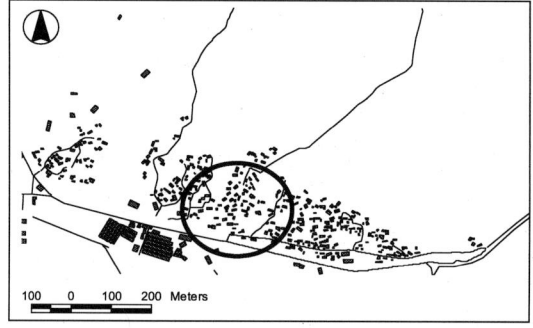

인접성을 고려하지 않음

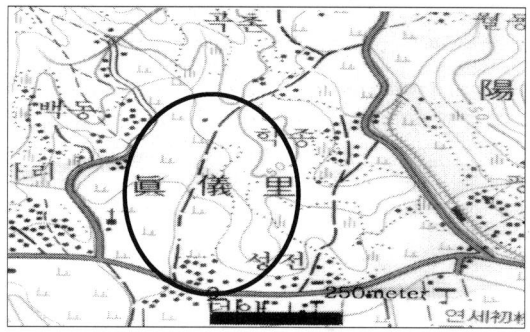

연기군 남면 일대 도로 (1: 25,000)

(인접성을 고려하지 않으면 마을을 통과하거나 연결하는
도로들이 끊기게 된다. 이와 반대로 고려했을 경우는 그
결과가 지형도와 일치하는 것을 확인할 수 있다.)

그림 62. 촌락과의 인접관계에 의한 일반화

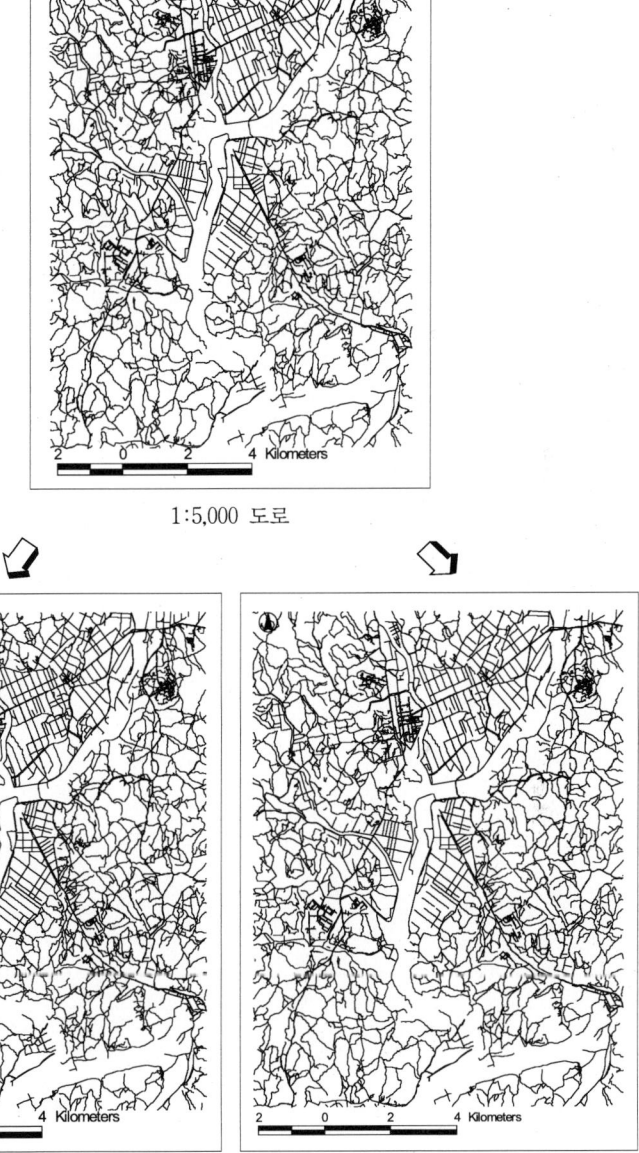

1:5,000 도로

1:25,000 도로   1:50,000 도로

그림 63. 도로의 일반화 결과

하천과 마찬가지로 도로의 중심선 추출에서도 보완이 요구된다. 도로의 경우, 1:5,000 수치지형도의 도로 코드 입력오류에 의해 시가지 지역의 도로에서 오류가 발생하였다. 면·리 간 도로(3117)는 단선과 실폭으로 지도화되어 있는데, 시·군·구·읍·면 단위의 시가지 지역에서 상당수의 도로들이 면·리 간도로(3117)로 잘못 입력되어 있다. 시가지 지역의 경우, 실폭의 도로망들이 시가지 블럭과 함께 결절을 이루고 있다. 여기에서 시가지 블럭은 티센의 홀(hole)이 중심선 추출에 제한요인이 된다. 블럭 단위가 큰 지역에서는 중심선이 정상적으로 추출되었으나 작은 지역에서는 오류가 발생하였다. 또 다른 문제점은, 하계망에서처럼 결절망들이 복잡한 지역에서는 단선화된 도로가 결절을 형성하지 못하고 독립된 세그먼트로서 나타나는 것이다.

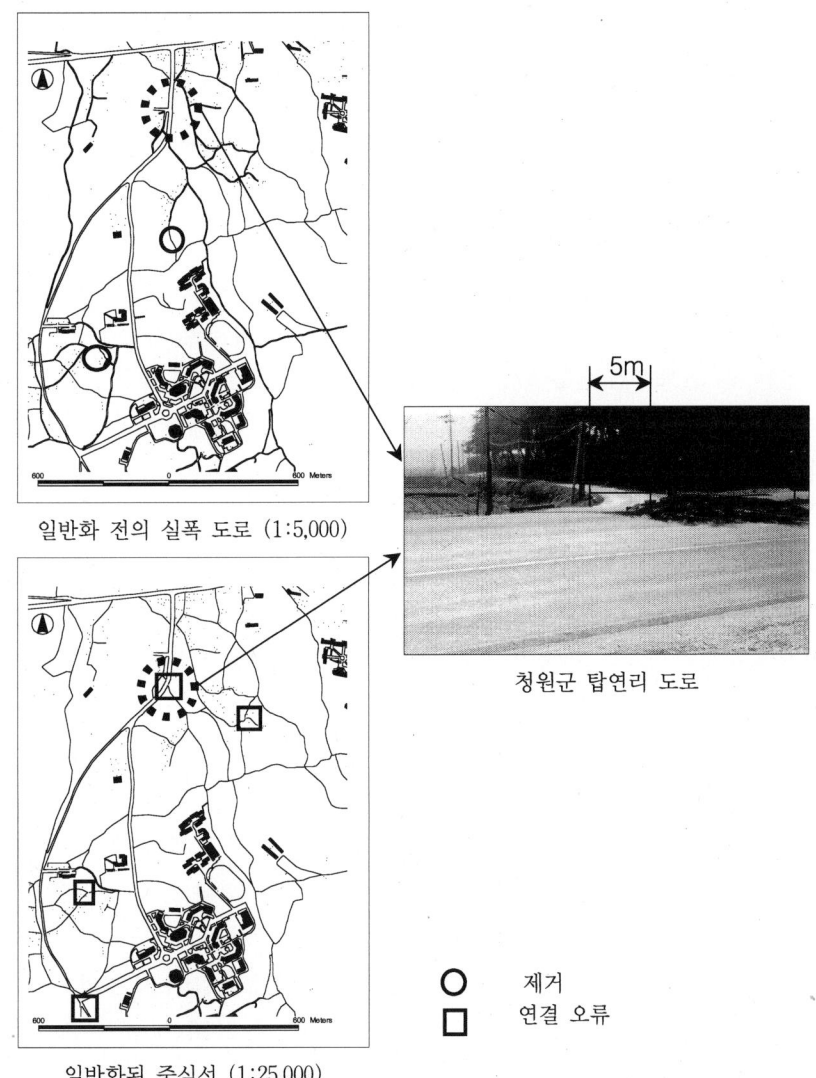

일반화 전의 실폭 도로 (1:5,000)

5m

청원군 탑연리 도로

일반화된 중심선 (1:25,000)

○   제거
□   연결 오류

(마을과 인접관계를 고려해 도로를 삭제했기 때문에 인접오류는 발생하지 않았다. 하천과
마찬가지로 중심선이 추출된 도로망에서 세그먼트로서 연결오류의 문제가 발생하였다.)

그림 64. 실폭 도로의 단선화

6. 행정구역

행정구역과 해안선, 등고선은 알고리즘을 적용하기에 가장 좋은 선형요소이다. 그러나 행정구역과 해안선의 일반화는 다른 지도요소들과 겹치거나 위치가 바뀌는 공간적 오류가 자주 발생한다.

행정구역은 D-P와 Simoo 알고리즘을 축척별로 적용하였다. 알고리즘을 적용하기 위해 1:25,000과 1:50,000 지형도의 등고선, 행정구역, 해안선을 벡터라이징한 후, 반복적인 실험을 통해 지형도에 가까운 임계치를 찾을 수 있었다.

그 결과, D-P는 임계치를 1:25,000에서 2.5m, 1:50,000에서 5m로 지정했을 때, Simoo는 수선의 길이, 평균 vertex, 편각의 3가지 임계치(표 25)를 기준으로 축척별로 적용하였다.

D-P와 Simoo 알고리즘의 방법이 다르기 때문에 동일한 임계치를 적용할 수는 없지만, Simoo의 결과와 비교했을 때 5m 이하에서 임계치를 조정하는 것이 합리적인 것으로 판단된다. 그러나 D-P와 Simoo는 근본적으로 선형요소의 일반화 방법이 다르기 때문에 결과를 동일 비교하기에는 무리가 따를 수 있다. 선들의 변화가 3m 이내이므로 그림 65에서와 같이 육안으로 변화를 확인하기는 힘들다.

선형요소들이 단순화되면 선 자료점의 위치가 변한다. 이로 인해, 다른 요소들과 충돌하거나 위치가 완전히 바뀔 수 있다. 행정구역의 경계가 주로 마을, 도로, 하천 등의 좁은 지역을 횡단하는 경우에는, 지도에서 건물 자체가 다른 행정구역으로 편입되는 문제가 발생한다. 두 알고리즘을 적용한 결과, 공간적 위치 변동은 없었으나, 건물과의 충돌이 발생하였다. 1:25,000에서는 D-P와 Simoo 모두 충돌이 발생하지 않았으나, 1:50,000에서는 D-P의 오류가 큰 것을 확인할 수 있다(그림 66).

지도요소들의 위치 변동에 의한 공간적 오류는 지도학적으로도 문제가 있지만 공간 분석 시 원치 않는 결과를 가져올 수 있다. 특히, 공간연산에서 정보들 간의 포함관계를 이용한 중첩 분석이나 영향권 분석 및 지역경계 설정 등의 결과에 미치는 영향이 크다.

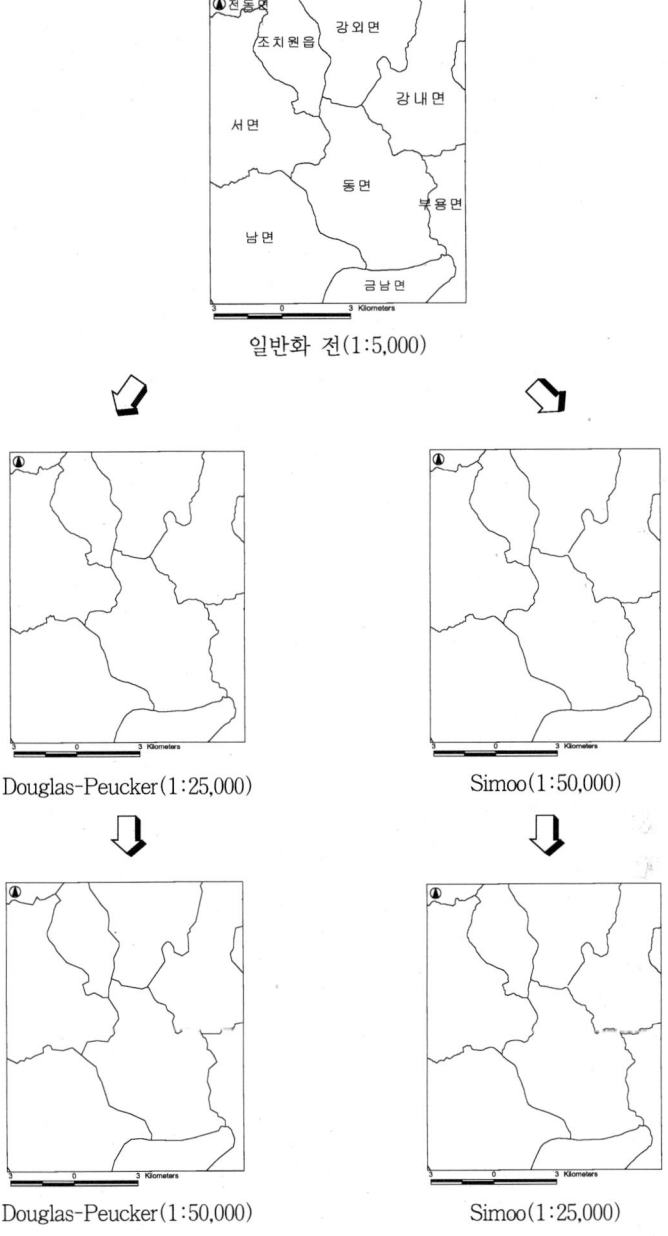

일반화 전(1:5,000)

Douglas-Peucker(1:25,000)

Simoo(1:50,000)

Douglas-Peucker(1:50,000)

Simoo(1:25,000)

그림 65. Douglas-Peucker와 Simoo를 이용한 행정구역 일반화

164

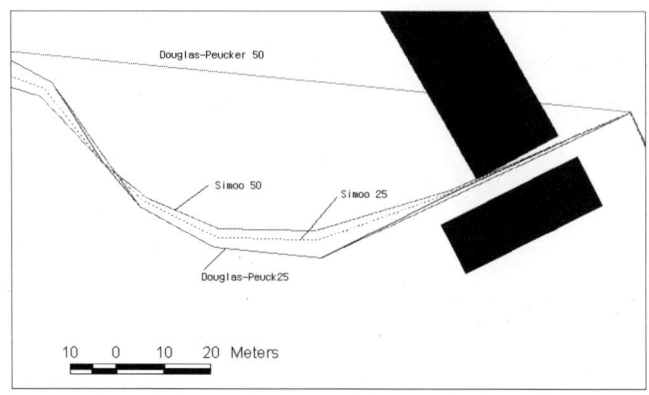

(두 알고리즘 모두 임계치가 작을 때는 결과가 좋지만 임계치가 커
지면서 Douglas-Peucker 알고리즘이 건물을 통과하는 문제가 발생
한다. 이는 건물 주변을 통과하는 선의 굴곡이 큰 자료점을 통제하
지 못해서 발생된 것이다.)

그림 66. 건물과 행정구역의 충돌 비교

　행정구역의 일반화에 대한 지도학적 형태 및 오류는 표 34와 같이 정리된다.
선의 길이는 D-P와 Simoo 모두 97% 이상으로 유지되어 두 알고리즘에서
의 차이가 나타나지 않았다. 선형요소의 일반화 알고리즘은 지도학적으로 선의
길이 변화율이 적은 것이 좋다. 축척 변동에 따라 길이, 면적 등의 변화가 크
다면, 지도학적 표현은 물론 공간 분석의 결과에도 큰 영향을 미칠 수 있기 때
문이다.

표 34. 행정구역 일반화의 알고리즘 평가

측정방법 \ 축척	일반화 전	Douglas-Peucker				Simoo			
		1:25,000		1:50,000		1:25,000		1:50,000	
선의 길이 (m)	66485.06	66430.37	99.9 (%)	64954.29	97.6 (%)	65436.43	98.4 (%)	64755.95	97.3 (%)
자료점 수	1926	947	50.9 (%)	210	89.1 (%)	1641	14.8 (%)	1461	25.2 (%)
평균각	9.85°	17.5°		42.92°		9.1°		8.21°	
평균 벡터 편차		0.53		1.77		1.47		2.49	

자료점의 수에서는, D-P가 1:25,000에서는 60% 정도 감소하였으며, 1:50,000에서는 89%가 감소하였다. 반면에, Simoo 알고리즘은 1:25,000과 1:50,000에서 약 15% 정도 감소하였다. 즉, 자료점의 감소율은 D-P에서 더 뚜렷하다.

이렇게 두 알고리즘이 자료점 변화율에서 큰 차이를 보이는 것은 일반화 방법의 차이 때문이다. D-P는 자료점을 제거하여 선을 단순화시키지만, Simoo는 자료점 제거 외에도 선의 완만화를 위해 자료점 이동과 추가를 반복하기 때문이다. 따라서 선의 일반화 정도가 높아질수록, 즉 축척이 감소할수록 D-P는 선이 지나치게 단순해지는 반면, Simoo는 부드러워지는 특징을 갖는다. 공간데이타 측면에서는 자료점의 제거율이 높은 것이 효율적이지만, 지도학적으로는 자료점 제거보다는 표현을 위한 알고리즘이 적합하다고 볼 수 있다.

편각의 평균을 보면, 일반화 전인 1:5,000에서는 21°인데, D-P에서는 축척의 감소에 의해 단순화가 커질수록 각도가 커지는 반면에, Simoo에서는 각도가 감소하여 선자체가 부드러워진다. 편각이 커지게 되면, 선의 곡률이 큰 곳이나 곡선 간의 간격이 좁은 곳에서는 충돌이 발생하거나 폴리곤이 생성되는 문제가 발생할 수 있다.

표 34와 같이 벡터변위는 평균적으로 D-P가 Simoo보다 적다. 수평오차는 국립지리원의 규정인 5m 이내를 충족하고 있다. 벡터의 편차가 Simoo가 큰

것은 완만화를 위한 자료점 이동 때문에 발생되는 오차이다. 그러나 Simoo의 완만화는 수선의 중점을 연결하는 방식이므로 형태적 대표점의 길이를 크게 벗어날 수는 없다. 즉, 임계치 범위 내인 1:25,000은 5m, 1:50,000은 10m를 초과하여 벡터 변위는 발생하지 않는다.

7. 등고선

등고선은 지표의 형태를 표현할 때, 고도 간격과 곡률의 두 가지 방법을 사용한다. 이중에서 축척에 따라 지표의 연속적인 형태를 유지하면서 일반화시키는 알고리즘은 적은 편이다. 축척에 따라 등고선의 곡률이 조정되지 않으면, 선이 서로 꼬이거나 붙게 되어 지표면 자체를 왜곡시키는 문제가 발생한다.

등고선 일반화는 고도별 선택과 Simoo 알고리즘의 적용을 거쳐 진행된다. 1:25,000은 10m, 1:50,000은 20m 간격의 등고선을 선택한 다음 선의 단순화와 완만화를 진행하였다.

D-P는 임계치를 1:25,000에서 2.5m, 1:50,000에서 5m로 설정했으며, Simoo는 수선의 길이, 평균 vertex, 편각의 3가지 임계치(표 24)를 기준으로 1:25,000은 3회, 1:50,000은 6회 반복하여 적용하였다(그림 67).

1:25,000에서는 D-P와 Simoo가 시각적으로 큰 차이를 나타내지 않는다. 1:50,000에서는 Simoo가 1:25,000에서보다 완만해진 반면에, D-P는 곡률이 큰 부분에서는 선이 더 돌출되고, 세그먼트들이 연속적으로 결합된 형태로 변하면서 선들이 거칠어져 지도학적으로도 만족스럽지 못하다. 등고선은 연속적인 지표의 형태를 표현하는 방법이기 때문에, D-P 알고리즘의 결과처럼 선이 단순해지면 지표의 형태를 왜곡시킬 뿐만 아니라 지형 분석에서도 좋지 못한 결과를 가져온다(한균형 외, 2002).

이에 대한 결과를 분석적으로 살펴보면 표 35와 같다.

표 35. 등고선 알고리즘 일반화 평가

측정 방법 \ 축척	일반화 전	Douglas-Peucker				Simoo			
		1:25,000		1:50,000		1:25,000		1:50,000	
선의 길이 (m)	1,264,933	1,248,920	98.7 (%)	1,234,916	97.6 (%)	1,208,745	95.5 (%)	1,172,955	92.7 (%)
자료점 수	215,581	49,250	77.2 (%)	32,289	85.1 (%)	182,048	15.6 (%)	182,045	15.6 (%)
평균각	21.87°	39.79°		52.49°		15.61°		13.38°	
평균 벡터 편차		0.67		1.39		2.13		3.54	

선의 길이 변화율은 D-P가 97%, Simoo가 92% 이상을 유지하는 것으로 나타났다. Simoo 알고리즘의 수치가 낮은 것은, 수선의 임계치를 10m로 지정했기 때문에 축척감소에 따른 선의 완만화 정도가 커서 길이 변화에 영향을 미쳤기 때문인 것으로 판단된다. 이에 대한 변화는 각도에서도 확인할 수 있는데, D-P는 각도가 일반화 전보다 2배 이상 커졌지만, Simoo는 각이 반 정도 감소하였다.

다시 말하면, D-P 알고리즘은 단순화에 따라 각도가 커지면서 새로운 곡률을 만들기 때문에 선의 변화율이 적은 것으로 해석된다. 이는 지도학적인 길이, 거리, 정확도보다는 기하학적 형태 유지를 위한 알고리즘의 특성으로 볼 수 있다. 자료점 변화율은, 단순화 정도에 따라 D-P와 Simoo가 큰 차이를 보인다.

평균 벡터의 변위는 D-P가 1.39m, Simoo는 3.54m 이하로서 수평 위치 오차를 충분히 만족시키고 있다.

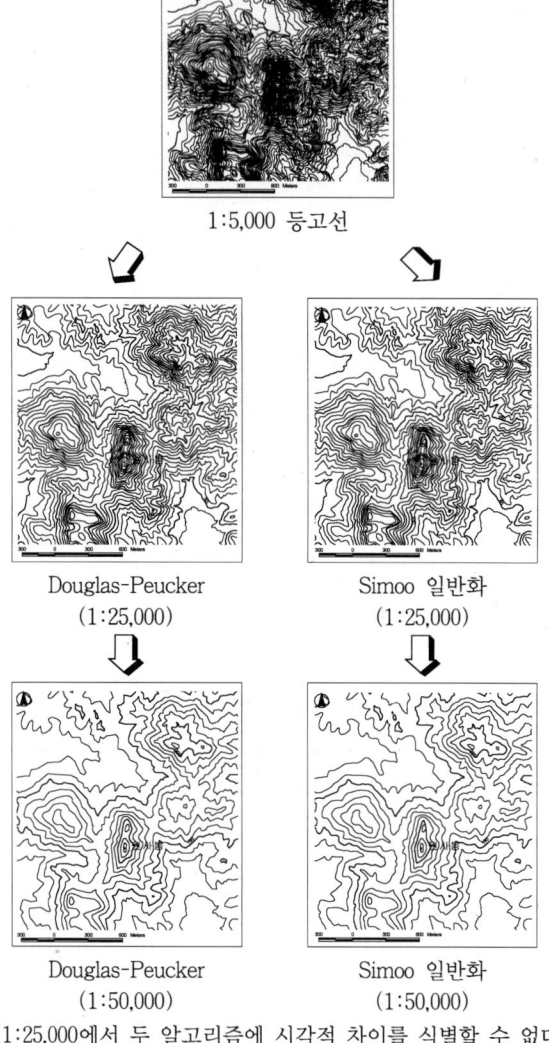

1:5,000 등고선

Douglas-Peucker
(1:25,000)

Simoo 일반화
(1:25,000)

Douglas-Peucker
(1:50,000)

Simoo 일반화
(1:50,000)

(1:25,000에서 두 알고리즘에 시각적 차이를 식별할 수 없다. 그러나 1:50,000에서는 Simoo는 선이 완만해지고 있지만 Douglas-Peucker는 선의 자료점들을 중심으로 모서리가 생기고 거칠어지는 것을 확인할 수 있다.)

그림 67. Douglas-Peucker와 Simoo의 등고선 일반화 비교

지도상에서 지도요소들은 축척 변화에 관계없이 길이, 면적, 방향 등이 일정
해야 한다. 특히, 선요소들은 축척의 감소에 따라서 선의 곡률이 감소하는 것이
일반적인데, 이에 따른 선의 길이 감소는 피할 수 없다. 일반화에서는 선길이의
감소를 최소화시키면서 곡률을 감소시켜 선을 부드럽게 하는 것이 최상이다. 이
러한 측면에서, 두 알고리즘의 선길이 변화율은 지도학적 길이 변화에 대한 요
건을 만족시킨다고 볼 수 있다. 그러나 각도변화율에 있어서는 Simoo는 감소하
여 지도학적으로 만족시키지만, D-P는 증가하기 때문에 현상을 왜곡시킬 수 있
는 문제점이 있다. 자료점의 감소율은 D-P가 Simoo에 비해 높은데, 지리정보시
스템(GIS)의 공간정보의 양을 줄인다는 면에서는 긍정적인 결과이다.

다음은 프랙탈 분석에 의해 두 알고리즘의 일반화 적절성을 비교해 보기로
한다. 두 알고리즘을 비교하기 위해, 각 축척별로 동일 간격 기준 20m인 등고
선을 추출하여 D-P와 Simoo를 비교하였으며 그 결과는 표 36과 같다. 프랙탈
차원은 측정단위 r의 크기와 누적 회수에 영향을 받는다. 측정단위 r은 평균
vertex길이로 정했으며, 누적 회수는 8회로 했을 때 이중 log를 이용한 회귀
분석에서 상관관계(0.87)가 높게 나왔다.

표 36. 축척별 프랙탈 차원

축척 알고리즘	1:5,000	1:25,000	1:50,000
Douglas-Peucker	1.061	1.073	1.079
Simoo		1.055	1.051

Simoo는 차원 값이 일정하게 감소하고 있지만, D-P는 축척이 감소하면서
1:5,000에서보다 차원 값이 커지는 경향을 갖는다. 일반적으로 선을 일반화하
면 프랙탈 차원이 감소하는 것으로 알려져 있으나, 알고리즘의 일반화 특성과
도 밀접한 관련이 있다. 즉, 단순화 알고리즘들이 주로 자료점 제거 중심으로
개발되었기 때문에, 점을 제거하면서 오히려 선 간의 각을 크게 만들게 된다.
앞선 각도 분석에서와 같이, D-P는 단순화되면서 각도가 2배 이상 커지고 있

지만, Simoo는 각이 감소한다. 결과적으로 Simoo는 프랙탈 차원이 작아지고 D-P는 커지게 되는 것이다.

그간 연구에서는 프랙탈 차원을 적용할 때, 도화기로 제작된 지형도의 선형 요소들을 대상으로 측정했기 때문에, 차원 값이 낮아지는 것이 일반적이었다. 그러나 일반화 알고리즘 적용 시에 프랙탈 차원은 오히려 불규칙적이고 값이 커지는 결과가 나왔다. 이는 단순화 알고리즘의 적용 후에 프랙탈 차원을 측정 했을 때, 차원 값이 감소한다는 연구를 반증하는 사례이다. 이에 대한 연구는 Daley(1999)의 실험적 연구에서도 입증된 바 있다. 그렇지만, 보다 다양한 방법으로 비교해 볼 필요성이 있다. 프랙탈 차원에 의한 두 알고리즘 비교에서, 축척별로 적용 가능한 알고리즘으로는 Simoo가 적합하다고 볼 수 있다.

등고선에 대한 일반화 결과를 종합해 볼 때, 본 연구에서 개발한 Simoo는 축척별 선일반화에는 적합하다.13) 그러나 알고리즘은 임계치에 따라 일반화 정도에 결정적인 영향을 미친다. 임계치는 기준을 조절하는 정도에 따라 축척 별 적용 및 선의 단순화, 완만화가 가능하다. 앞으로 다양한 알고리즘들과의 비교연구를 통해 Simoo 알고리즘을 보다 개선하고자 한다.

---

13) 지형의 형태적 표현은 등고선의 간격에 영향을 받기 때문에 일반화 방법에 대한 개선이 필요하다. 지도제작 측면에서, 지형도와 수치지형도는 축척별로 규정된 간 격에 따라 제작되어 있지만, 지리학적으로 볼 때는 획일화된 등고선 간격으로는 지 형요소들이 제대로 표현될 수 없는 경우가 많다. 이 같은 예는 등고선 간격이 10m 인 1:25,000 지형도에서는 중·소규모의 지형요소들이 표현되고 있으나, 20m 간격 인 1:50,000 지형도에서는 소규모 지형요소들의 파악이 힘들어지고 중규모 지형요 소들의 지형적 특성의 반영 정도도 낮아지는 것을 확인할 수 있다. 이의 대안으로 서, 등고선 간격을 구릉, 산지, 평야 등에 따른 사면경사와 중요도 별로 조정하면 지형요소들을 보다 잘 표현할 수 있을 것으로 본다.

제6장 결 론

일반화는 지도를 통해 공간현상의 의미가 전달될 수 있도록 지도학 및 지리학의 다양한 연구 성과를 수용하면서 발달해 왔다. 일반화는 지도학에서 오랜 전통을 갖고 있지만, 연구방향은 주로 알고리즘과 공간데이타 모델링을 중심으로 진행되었다. 그간의 연구 성과는 지도학적 형태 변형의 측면은 어느 정도 만족시키고 있지만, 공간현상의 일반화로는 진행되지 못하고 있는 실정이다. 본 연구는 이러한 한계를 극복하기 위해 지도학적 일관성, 지리적 고유성과 공간적 질서를 고려한 일반화가 필요하다는 문제제기에서 출발하였다.

규칙기반 모델링은 지리학적으로 현상의 공간적 배열과 구성 원리, 지도학적으로는 지도제작 원리를 규칙화하여 일반화에 적용하고자 하는 것이다. 규칙기반 모델링은 지도요소들에 대한 지도학 및 지리학적 분석에 의한 일반화 원리와 이에 대한 적용으로 구성된다.

연구 결과는 다음과 같이 정리된다.

지도, 항공사진, 수치지형도 및 지도제작 지침서를 분석한 결과, 일반화 유형은 삭제, 축약, 단순화와 완만화, 선택, 과장화, 대표화, 연결관계, 고유성 유지의 8가지로 분류되었다.

이상의 과정에서 지도학 및 지리학적 정보를 일반화 기준과 이에 따른 일반화규칙으로 정리할 수 있었다. 규칙기반 일반화가 다른 일반화와 다른 점은 일반화에 필요한 정보들을 규칙으로 만들어 적용하는 것이다. 일반화 기준은 축척별 지도요소들의 형태, 크기, 지도화 방법 등에 대한 주요 정보로서의 역할을 한다. 개념적인 규칙기반 모델을 기반으로 하여 촌락, 도로, 하천, 등고선, 호수, 건물 등에 대한 개별 일반화 모델을 구성하였다.

선형요소 일반화 알고리즘에 있어서는 단순화와 완만화를 동시에 수행하는 Simoo 알고리즘을 개발하였다. Simoo 알고리즘은 수선길이, 편각, 평균

vertex 길이를 임계치로 사용하였다. Simoo 알고리즘은 축척별 적용용이, 뛰어난 지도학적 세련미, 자료점의 공간적 위치 변동에 따른 논리적 오류 발생의 최소화, 공간현상의 고유성 유지 등의 특징을 가진다. 도로나 하천과 같이 실폭으로 표현되는 요소는 버퍼링으로 선을 찾은 다음, 티센 다각형망을 구성하여 중심선을 추출할 수 있었다.

적용 결과의 평가는 답사, 지형도, 항공사진 및 오차 분석으로 검증하였다. 정량적 평가는 선 길이의 변화율, 자료점의 감소율, 각도, 벡터 변위, 프랙탈 차원을 분석하였다. 촌락, 건물밀집지역, 도로, 하천, 호수는 답사, 지형도, 항공사진 비교와 같은 정성적 평가를 하였다. 행정구역과 등고선은 축척별로 D-P와 비교할 수 있었다

촌락은 공간적 패턴의 중요성이 부각되어야 함을 인식하여, 방형격자법에 의해 패턴을 분석하였다. Töpfer의 제곱근법에 의한 점의 수와 버퍼링에 의한 제거된 점의 수가 상관성이 높은 반경은 1:25,000에서는 5m, 1:50,000에서 6.25m였으며, 점제거율은 1:25,000은 49%, 1:50,000은 70%로 나타났다. 일반화 후의 분산평균비는 1:25,000은 1.2, 1:50,000은 1.02로서 클러스터 패턴으로 분석되었다. 이 결과를 지형도와 비교한 결과, 축척별로 패턴이 유사한 것을 확인할 수 있었다. 그러나 본 연구에 적용된 방형격자법에 의한 점패턴 분석은 격자의 크기와 진행 방향에 영향을 받으므로 이에 대한 보완연구가 필요하다. 또한, 촌락들의 형태는 촌락의 분포패턴, 즉 점 간의 상호작용에 의해 결정되므로 촌락 형태를 결정짓는 요인의 영향 정도를 고려한 일반화가 보완되어야 한다.

면에 대한 일반화에서는, 건물밀도를 계산한 후 건물밀집지역을 일반화할 수 있었는데, 지도 전체 지역의 건물밀도 계산을 위해 윈도우 탐색법을 개발하였다. 윈도우 탐색법에서 탐색반경을 400m로 지정, 밀도가 1:25,000에서 0.7, 1:50,000에서 0.82일 때, 결과가 지형도와 일치했다. 1:25,000에서는 지형도에 시가지로 표시된 지역(조치원, 오송, 부강, 봉암)을 외에 연기군 남면 평촌, 내판, 연기군 장승백이 등이 건물밀집지역으로 선택되었다. 이 지역은 1~3m 간격의 좁은 도로를 경계로 하여 건물들이 분포하는 지역으로서, 농업활동 또는

인근 도시나 교통망에의 접근성을 이용하여 건물들이 밀집된 곳으로 확인되었
다. 1:50,000은 지형도와 일치하였다. 이러한 경우, 시가지 지역을 건물들의 집
합체로 일반화하기보다는 기존 지형도와 같이 면으로 처리하는 것이 효과적일
수 있다. 이를 위해서는, 시가지 권역에 대한 지리학적 경계설정에 대한 연구
가 따라야 할 것이다.

저수지는 크기에 따라 1:25,000은 625m2, 1:50,000은 25,000m2 이상을 선
택하여 일반화를 실시하였다. 그 결과, 1:25,000은 47%, 1:50,000에서는 74%
로 감소하였다. 저수지들은 1:50,000에서 표현되는 것들을 제외하고는 대부분
매립으로 사라지고 있는 상태이다. 우기에 촬영된 항공사진을 이용하여 제작된
지도에서는 판독의 오류로 습지를 저수지로 그린 것들이 있는데, 이에 대해서
는 현장 자료 보완을 통한 일반화가 필요하다.

하천은 Strahler 방식에 따라 하계망의 속성정보를 구축한 후 일반화를 적용
하였다. 하계망 제거에 앞서 일차적으로 호수나 저수지와의 인접성을 분석하였
는데, 이들은 일반화 후에 공간적으로 하계망과 분리되지 않고 연결되었다.
6m 이하의 실폭 하천을 버퍼링으로 찾은 후, 티센의 다각형망 구성원리에 따
라 중심선을 추출하였다. 사례 지역에서는 실폭하천 108개 중에 1:25,000과
1:50,000에서 17개가 단선화되었다. 축척별로 하계망 제거를 실시한 결과, 총
연장 517,357m 중에서 1:25,000에서는 17%, 1:50,000에서는 29%가 감소하였
다. 하천의 일반화에서는 중심선 추출로 인해 하계망이 결절로 연결되지 못하
는 문제와 하도 내에 여러 개의 하중도가 존재하는 지역에서 중심선이 방향을
잃고 무작위로 생성되는 문제점이 발생하였다.

도로는 하천과 달리 수치지형도 내에 지리적인 계층화가 되어 있다. 도로의
일반화에 앞서 촌락들과의 인접성을 분석하였다. 도로의 인접성을 고려한 일반
화에서는 마을을 통과하거나 연결되는 작은 도로들이 제거되지 않고 유지되는
것을 확인할 수 있었다. 하천과 마찬가지로 실폭도로의 중심선을 추출하였는
데, 1,508개의 실폭 도로 중 1:25,000과 1:50,000에서 915개의 도로들이 단선
화되었다. 도로의 제거는 총연장 823,021m 중에서 1:25,000은 23%가,
1:50,000은 34%가 제거되었다. 도로 일반화에서 발생한 문제점에는 수치지형

도의 도로 코드 입력 오류로 인한 것과 실폭도로의 단선화에서 복잡한 도로나 시가지의 블록단위의 도로에서 선들이 연결성을 잃는 것인데, 이에 대한 보완 연구가 필요하다.

행정구역에서는 D-P와 Simoo 일반화를 비교, 평가하였다. 1:25,000에서는 두 알고리즘 모두 오류가 발생하지 않았으나 1:50,000에서는 D-P에서 경계선과 건물의 충돌이 발생하였다. 선의 길이는 D-P와 Simoo가 97% 이상을 유지하였다. 그러나 자료점의 감소율은 D-P는 1:25,000에서 60%, 1:50,000은 89%가 감소하였다. 반면에, Simoo의 자료점 감소율은 15%로 낮았다. 각도 변화는 D-P는 증가하지만, Simoo는 감소하여 선이 부드러워지는 것을 확인할 수 있었다. 벡터 변위는 D-P와 Simoo 모두 임계치인 축척별 도상 기준 0.2mm를 만족하였다.

등고선은 축척별로 선을 선택한 후, D-P와 Simoo를 적용하였다. 선의 길이는 두 알고리즘이 모두 92% 이상을 유지했으며, 자료점 감소율은 D-P에서 70% 이상 제거되었지만 Simoo에서는 15%가 감소하였다. 각도의 변화에서는 D-P가 증가한 반면에, Simoo는 감소하였다. 등고선에서도 행정구역 일반화와 마찬가지로 선이 완만해지는 것을 확인할 수 있었다. 선의 축척별 적용 가능성을 분석하기 위한 프랙탈 차원 비교에서는, 1:5,000은 1.061인데 D-P는 1:25,000에서 1.073, 1:50,000은 1.079로 증가했고, Simoo는 1:25,000에서 1.055, 1:50,000에서 1:051로 감소하였다. Simoo와 같이 프랙탈 차원이 감소한다는 것은, 알고리즘이 축척별 일반화에 적합하다는 것을 의미한다.

행정구역과 등고선 일반화에서 Simoo가 우수한 것으로 평가되었다. 그렇지만 알고리즘은 임계치에 절대적인 영향을 받으므로, 다양한 임계치를 가지고 D-P나 여타 다른 알고리즘들에 대해 적용하여 Simoo와 비교 검증하는 연구가 보완되어야 한다. 또한 지형의 표현은 등고선의 곡률에도 영향을 받지만, 선의 간격에 큰 영향을 받는다. 이에 대해 선의 간격을 구릉지, 평야, 분지, 산지 등에 따라 적절히 조절하여 표현할 수 있도록 Simoo에 대한 후속 연구가 따라야 한다.

지리학 및 제반 학문 영역에서는, 공간현상의 문제를 컴퓨터를 이용하여 공학, 수학, 또는 알고리즘 등으로 설명하고 해결하려는 노력들이 진행되어 왔다. 그러나 이러한 접근 방법들은 문제를 단편적으로는 해결할 수는 있으나, 종합적인 접근 방법을 제시하지는 못했다. 최근의 다양한 접근 방법 중에 하나가 인공지능 영역이다. 규칙기반 모델링에 의한 일반화는 인공지능 영역의 한 부분으로서, 인간의 일반화 능력을 컴퓨터에 적용하기 위한 방법으로서 출발한 것이다.

규칙기반 일반화는 알고리즘과 달리, 보다 다양한 지도요소들을 대상으로 적용할 수 있으므로 일반화와 이의 활용 분야에 지평을 넓힐 수 있을 것이다. 앞으로 Internet GIS 기술의 적용과 활용에 있어 규칙기반 일반화는 핵심적인 역할기능을 할 수 있을 것이며, 특히 실시간 일반화 기법은 네트웍과 로컬 환경하에서 지리정보시스템 활용의 폭을 보다 넓힐 수 있을 것으로 기대된다.

지도요소 일반화의 가장 이상적인 방법은 공간정보를 양적으로 감소시키면서 지리적인 현상을 질적으로 유지하는 것이다. 본 연구에서 제시된 방법론 및 개발된 알고리즘은 앞으로 지속적인 연구를 통해 개선되어야 할 과제이다.

참고문헌

구자용, 2000, "해상도 변화에 따른 공간데이타의 구조특성 분석", 8(2), 한국 GIS학회지, pp.243~255.

국립지리원, 1995, 『수치지도 작성내규』, 국립지리원.

국립지리원, 2000, 『표준코드』, 국립지리원.

김감래·이호남·박인해, 1992, "지도 일반화에 따른 단순화 알고리즘 평가에 관한 연구", 『한국측지학회지』, 10(2), pp.63~71.

김두일·김종석, 1998, "선형사상에 따른 단순화 알고리즘의 반응 특성 연구", 『대한지리학회지』, 33(4), pp.623~634.

김진덕, 1995, 『객체지향 규칙기반 지형 질의어의 설계 및 구현』, 부산대 석사 학위논문.

남영우, 1996, 『계량지리학』, 법문사.

대한측량협회, 1994, 『지도도식규칙』, 대한측량협회.

박경렬, 1999, 『수치지도제작을 위한 자동일반화시스템 개발』, 충북대 공학박사 학위논문.

박환철, 2000, 『수치지도에서 도로 중심선 생성과 보정 기법』, 부산대 석사학 위논문.

유근배, 1998, "컴페턴 분석을 이용한 수치지형도 전사상 일반화", 『한국GIS하 회지』, 6(1), pp.11~23.

이민부·김남신·한균형, 2001, "GIS Database 구축을 위한 지형요소의 지도화", 『대한지리학회지』, 36(2), pp.89~92.

이민부·김남신·양철수·한욱, 2001, "추가령 구조곡 하계망의 방향성과 프랙탈 차원 해석", 『지질학회지』, 37(4), pp.597~609.

이민부·김남신, 2002, "Hough변환과 음영기복을 이용한 추가령 구조곡의 선형구조 분석", 『지질학회지』, 38(4), pp.457~469.

이민파, 2001, "Map Generalization과 MapGene", 『한국지도학회 발표자료집』.

이호남, 1996, 『수치지도에 의한 지도 일반화』, 명지대 공학박사학위논문.

정보기술교육원, 1998, 『공간데이터베이스』, 정보기술교육원.

정보기술교육원, 1998, 『시스템 구축 실습』, 정보기술교육원.

주용진·신윤호·박수홍, 2002, "도시성장 예측모델 개발을 위한 시공간 데이터베이스 구축 방안", 『춘계대한지리학회 학술발표자료집』, pp.193~196.

최경희·황철수, 2001, "지도 사상의 주기 입력에 관한 문제점과 연구 과제", 『한국지도학회 발표자료집』.

최신영, 1999, 『지도일반화를 위한 위상적 일관성 유지』, 부산대 석사학위논문.

한균형, 1996, 『지도학 원론』, 민음사.

한균형·이민부·김남신·신근하, 2002, "수치지도를 이용한 3차원 지도제작 및 활용에 관한 연구", 한국지리환경교육학회지, 10(2), pp.1~11.

홍현기·전호원, 1995, "디지털 지도의 일반화 모델에 관한 연구", 『서울산업대학교 산업대학원 논문집』, 3, pp.44~50.

황창섭, 2000, 『수치지도 일반화를 위한 위치정확도 분석』, 충북대 석사학위논문.

황철수, 1993, "다축척 수치지도 구축을 위한 선형 사상의 일반화에 관한 연구", 『지리학 논총』, 21, pp.17~34.

황철수, 1998, "분산형 수치지도의 설계와 구현", 지리학논총, 통권 29.

황철수, 1999, "Douglas-Peucker 단순화 알고리듬 개선에 관한 연구", 『한국측지학회지』, 17(2), pp.117~128.

황철수·오충원, 2002, "개방형 GIS 발전과 수치지도 일반화 모형의 컴포넌트 개발", 『한국지도학회지』, 2(1), pp.1~13.

Atkinson, P. and Martin, D, 2000, *GIS and geocomputation*, Taylor and Francis.

Argilas, D. P. and Miliaresis, G. H., 1997, "Landform spatial knowledge acquistion: identification, conceptualization and representation", *ACSM/ASPRS*, 3, pp.733~740.

Armstrong, M. P., 1991, "Knowledge classification and organization" in Buttenfield, B. P & McMaster, R. B. [Eds](1991), Map generalization: making rules for knowledge representation, Longman. pp.59~85.

Bader, M., 2001, *Energy minimizing methods for feature displacement in map generalization*, Ph D, Dissertation, Department of Geography, University of Zurich.

Bader, M., Weibel, R., 1997, "Detecting and resolving size and proximity conflicts in the generalization of polygonal maps", *Proceedings of the 18th International Cartogaphic Association Conference*, Stockholm(S), pp.1525~1532.

Bader, M. and Barrault, M., 2000, "Improving snakes for linear feature displacement in cartographic generalization", *Proceeding Geocomputation 2000*, http://geocomp.gre.ac.uk/gc2000/e34-bader.htm

Barber, G. M., 1988, Elementary statistics for geographers, *The Guilford Press*.

Barber, C., Cromley, R., and Andre, R., 1995, "Evaluating alternative line simplification strategies for multiple representations of cartographic lines", *Cartography and Geographic Information System*, 22(4), pp.276~290.

Becker, L., Voigtmann, A., and Hinrichs, K. H., 1997, "Developement applications width the object-oriented GIS-kernel GOODAC", *Advances in GIS Research II, Proceedings of the Seventh International Symposium on Spatial Data Handling*, pp.227~244.

Bjorke, J. T., 1999, "Map generalization: a fuzzy logic approach", http://www.geo.unizh.ch

Bossler, J. D., 1988, "Knowledge-based cartography: the NOS experience", *The American Cartograher*, 15(2), pp.149~161.

Boyle, A. R., 1970, "The quantised line", *The Cartographic Journal*, 7(2), pp.91~94.

Brassel, K. E. and Weibel, R., 1988, "A review and conceptual framework of automated map generalization", *International Journal of Cartographic Information Science*, 2, pp.229~244.

Brophy, D. M., 1972, *Automated linear generalization in thematic cartography*, Master's Thesis, Department of Geography, University of Wisconsin.

Buttenfield, B. P, 1991, "A rule for describing line feature geometry" in Buttenfield, B. P & McMaster, R. B. [Eds](1991), *Map generalization: making rules for knowledge representation*, Longman. pp.150~171.

Cheng, T., 2001, "Quality assessment of model-oriented generalization", http://www.geo.unizh.ch.

Cho, M. G., Li, K. J., and Cho, H. G., 1997, "A rubber sheeting method with polygon morphing", *Advances in GIS Research II, Proceedings of the Seventh International Symposium on Spatial Data Handling*, pp.385~406.

Chrisman, N. R., 1991, "The error component in spatial data", Maguire., D. J., Goodchild, M. F., and Rhind, D. W(editors), *Geographical Information Systems, Principles and Application,* Longman, London, 1, pp.165~174.

Christensen, H. J., 1999, "Cartographic line generalization with waterlines and medial-axes", *Cartography and Geographic Information System,* 26(1), pp.19~32.

Christensen, H. J., Marks, I. and Shieber, S., 1995, "An empirical study of algorithms for point feature label placement", *ACM Transaction on Graphics,* 14(3), pp.203~232.

Clarke, K. C. and Schweizer, D. M., 1991, "Measuring the fractal dimension of natural surfaces using a robust fractal estimator", *Cartography and Geographic Information System,* 18(1), pp.37~47.

Cromely, R. G., 1991, "Hierarchical methods of line simplification", *Cartography and Geographic Information System,* 18, No.2, pp.125~131.

Daley, N., 1999, "Fractal generalization-fractal theory review", www.engr.uvic.ca/~ndaley/nigel/projects/fracgen.

Deakin, A. K., 1997, "New techniques for formalizing cartographic knowledge", *ASCM/ASPRS,* 5(13), pp.154~162.

Douglas, H. and Peucker, T. K., 1973, "Algorithms for reduction of the number of points required to represent a digitized line or its character", *The Canadian Cartographer,* 10(2), pp.112~123.

Dutton, G., 1981, "Fractal enhancement of cartographic line detail", *The American Cartographer,* 8, pp.23~40.

Dutton, G., 1997, "Digital map generalization using a hierarchical coordinate system", *ACSM/ASPRS,* 5(13), pp.367~376.

Dutton, G., 1999, "Scale, sinuosity, and point selection in digital line generalization", *Cartography and Geographic Information Systeme,* 26(1), pp.33~53.

Edmonson, S., Christesen, J., and Dhieber, S. M., 1996, *A general cartographic labeling algorithm,* Harvard University, Cambridge, Massachusetts, Manuscript.

Ehler, G. B., Cowen, D. J., and Mackey, H. E., 1997, "Developement of a shape fitting tool for site elevaluation", *Advances in GIS Research II, Proceedings of the Seventh International Symposium on Spatial Data Handling,* pp.143~153.

ESRI, 1996, "Automation of map generalization-the cutting-edge technology", White paper, May, pp.1~8.

Ford, R., Barsness, M. S., and Redmond, R., 1997, "Rule-based aggregation of classified imagery", *ACSM/ASPRS,* 3, pp.115~123.

Furuti. C. A., 1997, http://www.ahand.unicamp.br/~furuti.

Greig-Smith, P., 1952, "The use of random and contiguous quadrats in the study of the structure of plant communities", *Annals of Botany n.s,* 16, pp.293~312.

Harrie, L. E., 1999, "The constraint method for solving spatial conflicts in cartographic generalization", *Cartography and Geographic Information System,* 26(1), pp.55~69.

Harvey, F. and Vauglin, F., 1997, "Geometric match processing: applying multiple tolerances", *Advances in GIS Research II, Proceedings of the Seventh International Symposium on Spatial Data Handling,* pp.155~171.

Imhof, E., 2000, "Rules for cartographic name placement", http://www .una.edu/geography/class/ge424/students/mmoore/cartog.

Jaakkola, O., 1997, "Automatic iterative generalization for land cover data", *ACSM/ASPRS*, 5(13), pp.277~286.

Jaakkola, O., 1999, "Multi-scale categorical data bases with automatic generalization transformations based on map algebra", *Cartography and Geographic Information System*, 25(4), pp.195~207.

Jackson, S., 2000, "Creating and generalizing linear networks", White Paper, *Intergraph*, pp.1~11.

Jenk, G. F., 1989, "Cartographic logic in line generalization", *Cartographica*, 26(1), pp.27~42.

John, W.N. and Smaalen,V., 1997, "A hierarchical rule model for geographic information abstraction", *Advances in GIS Research II, Proceedings of the Seventh International Symposium on Spatial Data Handling*, pp.215~225.

Kass, M., Witkin, A., and Terzopoulos D., 1987, "Generalization in digital cartography", Resource Publication in geography, *AAG*, Washington D.C.

Kaye, B. H., 1994, *A random walk through fractal dimensions(2ed)*, VCH.

Kang, H.K, Do, S.H., Li, K. J., and Choi, B. N., 2002, "Model-oriented generali- zation rules", http://www.esri.com/library/userconf/proc01/professional/papers

Koike, H., 1995, "Fractal views : a fractal-based method form controlling information display", *ACM Transaction on Information Systems*,

13(3), pp.305~323.

Kreveld, M. V., Nievergelt, J., Roos, T., and Widmayer, P., 1997, *Algoritmic foundations of geographic information systems*, Springer.

Kumar, K., Sinha, P., and Bhatt, P. C. P., 1997, "DO-GIS-A distributed and object oriented GIS", Advances in GIS Research Ⅱ, *Proceedings of the Seventh International Symposium on Spatial Data Handling*, pp.263~275.

Lam, L. S. and De Cola, L., 1993, *Fractals in geography*, Prentice Hall.

Lang, T., 1969, "Rule for the robot draughtsmen", *The Geographical Magazine*, 42(2), pp.50~51.

Laurence, W. and Carstensen, J., 1989, "A fractal analysis of cartographic generalization", *The American Cartographer*, 16(3), pp.1~20.

Lawson, A. N. and Denison, D. G. T., 2002, *Spatial clustering modelling*, Chapman and HALL/CRC.

Leberl, F. W., Olson, D., and Lichtner, W., 1986, "ASTRA-A system for automated sale transition", *PE and RS*, 52, pp.251~258.

Lee, D., 1995, "Area features in digital map generalization", *ACSM/ASPRS*, 1, pp.327~334.

Lee, D., 1997, "Input to formalization of generalization rules", *ACSM/ASPRS*, 1, pp.55~61.

Lee, D., 1998, "Creating centerlines from road casing", *ESRI international design document*.

Litton,A., 1998, "On centerlines", email notes.

Lonergan, M. E. and Jones, C. B., 2002, "The deformation and displacement of area objects during automated map generalization:

an approach to conflict resolution through maximising nearest neighbour distance", http://www.geo.unizh.ch/

Mackaness, W. and Beard, M. K., 1993, "Use of graph theory to support map generalization", *Cartography and Geographic Information System*, 20(4), pp.210~221.

Mackechnie, G. A. and Mackaness, W., 1997, "Detection and simplification of road junctions in automated map generalization", *ACSM/ASPRS*, 1, pp.72~82.

Mandelbrot, B. B., 1982, *The fractal geometry of nature*, San Francisco, *Freeman*.

Mark, D. M., 1991, "Object modelling and phenomenon-based generalization" in Buttenfield, B. P and McMaster, R. B. [Eds](1991), *Map generalization: making rules for knowledge representation*, longman. pp.103~118.

McAllister, M. and Snoeyink, J., 1997, "Medial axis generalization of hydrology network", *ACSM/ASPRS*, 5(13), pp.164~173.

McMaster, R. and Veregin H., 1997, "Visualizing cartographic generalization", *ACSM/ASPRS*, 5(13), pp.174~183.

McMaster, R., 1983, "A mathematical evaluation of simplification algorithm", *AUTOCARTO*, 6, pp.267~276.

McMaster, R., 1986, "A statistical analysis of mathematical measures for linear simplification algorithms", *American Cartographer*, 13(2), pp.103~116.

McMaster, R., 1987, "The geometric properties of numerical generalization", *Geographical Analysis*, 19(4), pp.330~346.

McMaster, R. and Shea, K., 1988, "Cartographic generalization in a digital environment:a framework for implemenation in a geographic information system", *Proceedings GIS/LIS'88 San Antonio Texas 1*, pp.240~249.

McMaster, R., 1989, "The integration of simplification and smoothing algorithms in line generalization", *Catographica*, 26(1), pp.101~121.

McMaster, R., 1991, "Conceptual frameworks for geographical knowledge", in Buttenfield, B. P and McMaster, R. B. [Eds](1991),*Map generalization: making rules for knowledge representation*, Longman. pp.21~39.

Monmonier, M. and Schnell, G. A., 1988, *Map appreciation*, Prentice Hall.

Monmonier, M., 1991. *The role of interpolation in feature displacement in map generalization: Making rules for knowledge representation*, Longman Scientific and Technical, pp.189~203.

Morrison, J. J., 1974, "A theoretical framework for cartographic generalization with emphasis on the process of symbolization", *International Yearbook of Cartography*, 14, pp.115~127.

Müller, J. C., 1991, *Advances in cartography*, Elsevier Applied Science.

Müller, J. C., 1990, "The removal of spatial conflict in line generalization", *Cartography and Geographic Information System*, 17(2), pp.141~150.

Müller, C. J., Lagrange, J. P., and Weibel, R., 1995, *GIS and generalization: methodology and practice*, Taylor & Francis.

Nakos, B., 2002, "Comparison of manual versus digital line simplification", http://www.geo.unizh.ch/

Nickerson, B.G., 1991, "Knowledge engineering for generalization" in Buttenfield, B. P and McMaster, R. B. [Eds](1991), *Map generalization: making rules for knowledge representation,* longman. pp.40~56.

Nickerson, B.G. and Freeman, H., 1986, "Development of a rule-based system for automatic map generalization", *Proceedings, Second International Symposium on Spatial Data Handling Seattle, Washington July,* pp.537~556.

Normant, F. and Walle, V. D., 1996, "The sausage of local convex hulls of a curve and the Douglas-peucker algorithm", *Cartographica,* 33(4), pp.1~11.

Nyerges, T. L. 1991, "Representing geographical meaning" in Buttenfield, B. P and McMaster, R. B. [Eds](1991), *Map generalization: making rules for knowledge representation,* longman. pp.57~58.

Nyerges, T. L. and Jankowski, P., 1989, "A knowledge base for map projection selection", *The American Cartographer,* 16(1), pp.29~38.

Opheim, H., 1982, "Fast data reduction of a digitized curve", *Geo-Processing,* 2, pp.33-40.

Ormsby D. and Mackaness, W., 1999, "The development of phenomenological generalization within an object-oriented paradigm", *Cartography and Geographic Information System,* 26(1), pp.70~80.

Peng, W. and Tempfli, K., 1997, "An objected-oriented design for automated database generalization", *Advances in GIS Research II, Proceedings of the Seventh International Symposium on Spatial Data Handling,* pp.199~213.

Perkal, J., 1966, "An atempt at objective generalization", Jackowski, W., in Nystuen J(ed) Discussion Paper 10, *Michigan Inter-University*

Communiy of Mathenatical Geographers, Ann Arbor, Michigan.

Peschier, K., 1997, "Computer aided generalization of road network maps", http://www.jarno.demon.nl/thesis.htm

Plewe, B., 1997, "The cartographic represensation of gradation: fuzzy maps from fuzzy data", *ACSM/ASPRS*, 1, pp.83~92.

Ratajski, L., 1967, "Phénoménes des points de généralization", *International Yearbook of Cartography*, 7, pp.143~151.

Regnauld, N., 1997, "Recognition of building clustering for generalization", *Advances in GIS Research II, Proceedings of the Seventh International Symposium on Spatial Data Handling*, pp.185~198.

Reuman, K. and Witkam, A. P. M., 1974, "Optimizing curve segmentation in computer graphics", *Internet Computing Symposium*, 1973, North-Holland, Amsterdam, Netherlands, pp.467-472.

Richardson, L. F., 1961, The problem of continuity: an appendix to statistics of deadly quarrels. *General Systems Yearbook*, 6, pp.139~187.

Richardson, M. W., 1999, "Computational processes for map generalization", *Cartography and Geographic Information System*, 26(1), pp.3~5.

Richardson, M. W. and Mackaness, W., 1999, "Computational processes for map generalization", *Cartography and Geographic Information System*, 26(1), pp.3~5.

Richardson, D. E. and Müller, J. C., 1991, "Rule selection for small-scale map generalization" in Buttenfield, B. P and McMaster, R. B. [Eds](1991), *Map generalization: making rules for knowledge representation*, longman. pp.136~149.

Rigaux, P., Schooll, M., and Voisard, A., 2002, *Spatial database with application to GIS*, Morgan Kaufmann Publisher.

Robinson, A. H., 1984, *Element of cartography*, John Wiley & Sons.

Robinson, A. H., 1982, *Early thematic mapping in the history of cartography*, Chicago press.

Ruas, A., 1998, "A method for building displacement in automated map generalization", *Cartography and Geographic Information System*, 12(8), pp.765~788.

Saafeld, A., 1999, "Topologically consistent line simplification with the Douglas-Peuker algorithm", *Cartography and Geographic Information System*, 26(1), pp.7~18.

Shea, K. S., 1991, "Design consideration for an artificially intelligent system" in Buttenfield, B. P and McMaster, R.B. [Eds](1991), *Map generalization: making rules for knowledge representation*, longman. pp.150~171.

Stephen, C. H. and Frank, A. U., 1997, *Spatial information theory: a theoretical basis for GIS*, Springer.

Thomas, F., 1998, "Generating street center-line from inaccurate vector city maps", *Cartography and Geographic Information System*, 25(1), pp.221~230.

Tobler, W. R., 1966, "Numerical map generalizaion", *Michigan Inter-university Community of Mathematical Geographers Discussion Paper*, 8, Ann Arbor, Michigan.

Töpfer, F. and Pillewizer, W., 1966, "The principle of selection", *The Cartographic Journal*, 3, pp.10~16.

Unwin, D., 1981, *Introductory spatial analysis*, New York, Methuen.

Visvalingam, M. and Whyatt, J. D., 1990, "The Douglas-Peucker algorithms for line simplification: re-evaluation through visualization", *Computer Graphics Forum*, 9, pp.213~228.

Visvalingam, M., 1999, "Aspect of (line) generalization: a discussion paper", http://www2.doc.hull.ac.uk/CSBG/ica/ica-old.htm.

Wang, Z. and Müller, J. C., 1998, "Line generalization based on analysis of shape characteristics", *Cartography and Geographic Information Systems*, 25(1), pp.3~15.

Weibel, R., 1996, "A typology of constraints to line simplification", *Proceedings of 7th International Symposium on Spatial Data Handling*, pp.911~914.

부록 1. 수치지형도의 축척별 일반화 기준

대분류	중분류		소분류	
철도(1)	선로(11)		실폭도로(111)	
			도면제작용선로(철도)(112)	
	철도시설(12)		철교(121)	
			편의시설 및 기타(122)	

세분류	표현방식	축척에 따른 취사선택 기준			
		5,000	25,000	50,000	비 고
실폭도로(111)					
미분류(1110)	선	○	×	×	연장 10m 삭제
보통철도(1111)	선	○	○	○	
특수철도(1112)	선	○	○	○	
터널안철도(1113)	선	○	○	○	
건설중철도(1114)	선	○	○	○	
지하철(지하부)(1115)	선	○	○	○	
지하철(지상부)(1116)	선	○	○	○	
삭도(1117)	선	○ 10m	○ 150m	○ 300m	
도면제작용선로(철도)(112)					
미분류(1120)	선	○	×	×	
복선철도(1121)	선	○	×	×	
정서장(1122)	선	○	×	×	
철교(121)					
미분류(1210)	선	○	×	×	
철교(1211)	면	○ 4m	○ 20m	○ 20m	
고가부(1212)	선	○ 4m	× 20m	× 20m	
편의시설 및 기타(122)					
미분류(1220)	면	○	×	○	
플랫폼(1221)	면	○	○	○	
플랫폼의 지붕(1222)	면	○	×	×	
지하철 환기통(1223)	점	○	×	×	
지하철역 출입구(1224)	선	○	×	×	

대분류	중분류		소분류
하천(2)	수부(21)		하천(211)
			바다(212)
	하천시설(22)		제방(221)
			방조제(222)
			방파제(223)
			수문(224)
			교통(225)
			레저·스포츠(226)
			용수로(227)
	수부지형(23)		경계(231)
			기호(232)

세분류	표현방식	축척에 따른 취사선택 기준			비고
		5,000	25,000	50,000	
하천(211)					
단선화 기준	선(실폭)	○ 3m	○ 6m	○ 6m	
세류(2112)	선	○ 5m	○ 200m	○ 250m	
건천(2113)	선	○ 5m	○ 200m	○ 250m	
호수·저수지(2114)	면/선	○ 면적 25m^2	○ 면적 625m^2	○ 면적 2,500m^2	
하천중심선(2115)	선	○ 5m	○ 200m	○ 250m	
바다(212)					
미분류(2120)	선	○	×		
해안선(육지)(2121)	선	○	○	○	
해안선(섬)(2122)	선	○	○	○	
제방(221)					
미분류(2210)	선	○	×	×	
콘크리트제방(상단)(2211)	선	○ 5m	○ 125m	○ 250m	
콘크리트제방(하단)(2212)	선	○ 5m	○ 125m	○ 250m	
흙 제방(상단)(2213)	선	○ 5m	○ 125m	○ 250m	
흙 제방(하단)(2214)	선	○ 5m	○ 125m	○ 250m	
기호제방(2215)	선	○	○ 12.5m	○ 250m	
댐(2216)	선	○ 2m	○ 25m	○ 50m	
방조제(222)					
미분류(2220)	선	○	×	×	
콘크리트방조제(상단)(2221)	선	○	○	○	
콘크리트방조제(하단)(2222)	선	○	○	○	
흙 방조제(상단)(2223)	선	○	○	○	
흙 방조제(하단)(2224)	선	○	○	○	
기호방조제(2225)	선	○	×	×	
방파제(223)					
미분류(2230)	선	○	×	×	
방파제상단(2231)	선	○ 5m	○ 25m	○ 50m	
방파제하단(2232)	선	○	○ 25m	○ 50m	
소파블록(2233)	선	○	○ 25m	○ 50m	
기호방파제(2234)	선	○	×	×	

수문(224)					
미분류(2240)	선	○	×	×	현저한 것
수문(2241)	선	○	×	×	
배수갑문(2242)	선	○	×	×	
보(2243)	선	○	○ 25m	○ 50m	
교통(225)					
미분류(2250)	선	○	×	×	
잔교(콘크리트)(2251)	선	○ 2m	○ 25m	○ 50m	
잔교(목재)(2252)	선	○ 2m	○ 25m	○ 50m	
잔교(떠 있는 것)(2253)	선	○ 2m	○ 25m	○ 50m	
선착장(2254)	면	○	×	×	
나루(사람)(2255)	점	○	×	×	
나루(차량)(2256)	점	○	×	×	
나루노선(2257)	선	○	○ 125m	○ 250m	
이정표(2258)	점	○	×	×	
레저 · 스포츠(226)					
미분류(2260)	점	○	×	×	
해수욕장(2261)	점	○	×	×	
수영장(2262)	점	○	×	×	
낚시터(2263)	점	○	×	×	
용수로(227)					
미분류(2270)	선	○	×	×	
공업용수로(지상)(2271)	선	○ 5m	×	×	
공업용수로(지하)(2272)	선	○ 5m	×	×	
농업용수로(지상)(2273)	선	○ 5m	×	×	
농업용수로(지하)(2274)	선	○ 5m	×	×	
도수터널(2275)	선	○ 5m	×	×	
경계(231)					
미분류(2310)	선	○	×	×	
갯뻘(진흙)(2311)	선	○	×	×	
모래(2312)	선	○	×	×	
습지(2313)	선	○	×	×	
염전(2314)	선/면	○	○ $5,625m^2$	○ $5,625m^2$	
용수구역(2315)	선	○	×	×	
집수경계(하수)(2316)	선	○	×	×	
수역경계(하천)(2317)	선	○	×	×	
댐유역계(2318)	신	○	ㅅ	ㅅ	
기호(232)					
미분류(2320)	점	○	×	×	
갯벌(2321)	점	○	○	○	
모래(2322)	점	○	○	○	
습지(2323)	점	○	○	○	
염전(2324)	점	○	○	○	
폭포(2325)	점	○ 4m	○ 12.5m	○ 25m	
유수방향(2326)	점	○	○	○	
양어장(2327)	점	○	×	×	

대분류	중분류	소분류
도로(3)	도로경계(31)	기존도로(311)
		부속도로(312)
		건설 예정 도로(313)
		건설 중 도로(314)
	도로중심(32)	도로중심선(321)
	도로시설(33)	배수시설(331)
		보행시설(332)
		다리(334)
		입체교차부(335)
		편의시설(336)
		기타(337)
	표지 및 도로번호(34)	정류장(341)
		표지(342)
		도로번호(기호)(343)
		도로번호(344)

세분류	표현방식	축척에 따른 취사선택 기준			
		5,000	25,000	50,000	비 고
단선화 기준	선(실폭)	○ 3m	○ 6m	○ 6m	
고속국도(3111)	선(실폭)	○	○ 200m	○ 250m	
일반국도(2112)	선(실폭)	○	○ 200m	○ 250m	
지방도(3113)	선(실폭)	○	○ 200m	○ 250m	
특별시도·광역시도(3114)	선(실폭)	○	○ 200m	○ 250m	
시도(3115)	선(실폭)	○	○ 200m	○ 250m	
군도(3116)	선(실폭)	○	○ 200m	○ 250m	
면·리간도로(3117)	선(실폭)	○	○ 200m	○ 250m	
부지안도로(3118)	선(실폭)	○	○ 200m	○ 250m	
소로(기호)(3119)	선	○	○ 200m	○ 250m	
부속도로(312)					
미분류(3120)	선	○	×	×	
도로분리대(3121)	선	○	×	×	
터널안도로(3122)	선	○	○ 50m	○ 100m	
건설 예정 도로(313)					
미분류(3130)	선	×	×	×	
고속국도(3131)	선	×	×	×	
일반국도(3132)	선	×	×	×	
지방도(3133)	선	×	×	×	
특별시도·광역시도(3134)	선	×	×	×	
시도(3135)	선	×	×	×	
군도(3136)	선	×	×	×	
면·리 간 도로(3137)	선	×	×	×	

건설 중 도로(314)					
미분류(3140)	선	×	×	×	
고속국도(3141)	선	○	○	○	
일반국도(3141)	선	○	○	○	
지방도(3143)	선	○	○	○	
특별시도·광역시도(3144)	선	○	○	○	
시도(3145)	선	○	○	○	
군도(3146)	선	○	×	×	
면·리 간 도로(3147)	선	○	×	×	
도로중심선(321)					
미분류(3210)	선	○	×	×	
고속국도(3211)	선	○	○	○	
일반국도(3212)	선	○	○	○	
지방도(3213)	선	○	○	○	
특별시도·광역시도(3214)	선	○	○	○	
시도(3215)	선	○	○	○	
군도(3216)	선	×	×	×	
면·리 간 도로(3217)	선	×	×	×	
부지안도로(3218)	선	×	×	×	
배수시설(331)					
미분류(3310)	선	○	×	×	
측구(3311)	선	○	×	×	
보행시설(332)					
미분류(3320)	선	○	×	×	
육교(3321)	면	○	○ 20m	○ 20m	
지하도(3322)	선	○	○ 50m	○ 100m	
계단(3323)	면	○	×	×	
인도(3324)	선	○	×	×	
횡단보도(3325)	선	○	×	×	
안전지대(3326)	선	○	×	×	
다리(334)					
미분류(3340)	선	○	×	×	
콘크리트교(3341)	면	○ 4m	○ 20m	○ 20m	
강교(3342)	선	○ 4m	○ 20m	○ 20m	
목교(3343)	선	○ 4m	○ 20m	○ 20m	
입체교차부(335)					
미분류(3350)	선	○	×	×	
고가차도(3351)	선	○	○ 20m	○ 20m	
지하차도(3352)	선	○	○ 20m	○ 20m	
편의시설(336)					
미분류(3360)	점	○	×	×	
공중전화(3361)	점	○	×	×	
우체통(3362)	점	○	×	×	
휴게소(3363)	면	○	×	×	
주차장(3364)	면	○	×	×	

주유소(3365)	면	○	×	×	
게시판(3366)	점	○	×	×	
가로등(3367)	점	○	×	×	
자동차수리소(3368)	면	○	×	×	
도로반사경(3369)	점	○	×	×	
기타(337)					
미분류(3370)	점	○	×	×	
화단·가로수보호대(3371)	점	○	×	×	
가로수(3372)	점	○	×	×	
터널입구(3373)	점	○	×	×	현저한 것
지하도입구(3374)	점	○	×	×	
차단기(3375)	점	○	×	×	
신호등(3376)	점	○	×	×	
정류장(341)					
미분류(3410)	점	○	×	×	
버스정류장(3411)	점	○	○	○	
택시정류장(3412)	점	○	×	×	
표지(342)					
미분류(3420)	점	○	×	×	
도로정보판(3421)	점	○	×	×	
안내(3422)	점	○	×	×	
지시(3423)	점	○	×	×	
규제(3424)	점	○	×	×	
주의(3425)	점	○	×	×	
광고판(3426)	점	○	×	×	
도로번호(기호)(343)	점	○	×	×	
미분류(3430)	점	○	×	×	
고속국도(3431)	점	○	×	×	
일반국도(3432)	점	○	×	×	
지방도(3433)	점	○	×	×	
특별시도·광역시도(3434)	점	○	×	×	
시도(3435)	점	○	×	×	
군도(3436)	점	○	×	×	
도로번호(344)					
미분류(3440)	점	○	×	×	
고속국도(3441)	점	○	○	○	
일반국도(3442)	점	○	○	○	
지방도(3443)	점	○	○	○	
특별시도·광역시도(3444)	점	○	×	×	
시도(3445)	점	○	×	×	
군도(3446)	점	○	×	×	

대분류	중분류	소분류
건물(4)	경계(41)	건물경계(411)
		담장(412)
	행정기관(42)	지방행정(421)
		치안행정(422)
		기타행정Ⅰ(423)
		기타행정Ⅱ(424)
		중요정부투자기관(425)
	산업(43)	공업(431)
		상업(432)
		농업기타(433)
		하수처리(434)
	문화·교육(44)	교육·체육(441)
		문화·종교(442)
		언론기관(443)
	서비스(45)	숙박(451)
		운수·창고(452)
		금융·조합(453)
	의료·후생(46)	병원(461)
		아동복지시설(462)
		사회복지시설(463)

세분류	표현방식	축척에 따른 취사선택 기준			
		5,000	25,000	50,000	비 고
건물경계(411)					
미분류(4110)	면	○	×	×	
주택 외 건물(4111)	면	○ 4m²	○ 156.25m²	○ 625m²	
주택(4112)	면	○ 4m²	○ 156.25m²	○ 625m²	
연립주택(4113)	면	○ 4m²	○ 156.25m²	○ 625m²	
공사 중 건물(4114)	면	○ 4m²	○ 156.25m²	○ 625m²	
아파트(4115)	면	○ 4m²	○ 156.25m²	○ 625m²	
무벽건물(4116)	면	○ 4m²	○ 156.25m²	○ 625m²	
온실(4117)	면	○ 4m²	○ 156.25m²	○ 625m²	
가건물(4118)	면	○ 4m²	○ 156.25m²	○ 625m²	
집단가옥경계(4119)	면	○ 4m²	○ 156.25m²	○ 625m²	
담장(412)					
미분류(4120)	선	○	×	×	
콘크리트담(4121)	선	○ 5m	○ 75m	○ 75m	
판자담(4122)	선	○ 5m	○ 75m	○ 75m	
생울타리(4123)	선	○ 5m	○ 75m	○ 75m	
흙담(4124)	선	○ 5m	○ 75m	○ 75m	
철조망(4125)	선	○ 5m	○ 75m	○ 75m	
철책(4126)	선	○ 5m	○ 75m	○ 75m	
문주(4127)	선	○ 5m	○ 75m	○ 75m	

지방행정(421)					
미분류(4210)	면	○	×	×	
특별시청(4211)	면	○	○	○	
광역시청(4212)	면	○	○	○	
도청(4213)	면	○	○	○	
시청(4214)	면	○	○	○	
군청(4215)	면	○	○	○	
구청(4216)	면	○	○	○	
읍사무소(4217)	면	○	○	○	
동사무소(4218)	면	○	○	○	
면사무소(4219)	면	○	○	○	
치안행정(422)					
미분류(4220)	면	○	×	×	
법원(4221)	면	○	○	○	
검찰청(4222)	면	○	○	○	
경찰서(4223)	면	○	○	○	독립건물기준
파출소・지서(4224)	면	○	○	○	
교도소・구치소(4225)	면	○	○	○	
소년원(4226)	면	○	○	○	
기타행정 I (423)					
미분류(4230)	면	○	×	×	
소방서(4231)	면	○	○	○	
보건소(4232)	면	○	○	○	
세무서(4233)	면	○	○	○	
세관(4234)	면	○	○	○	
우체국(4235)	면	○	○	○	독립건물기준
기상대・측우소(4236)	면	○	○	○	
전화국(4237)	면	○	○	○	
우체국(4238)	면	○	○	○	
병무청(4239)	면	○	○	○	
기타행정 II (424)					
미분류(4240)	면	○	×	×	
기타관공서(4241)	면	○	×	×	
농촌지도소(4242)	면	○	×	×	
영림서(4243)	면	○	×	×	
정부투자기관(425)					
미분류(4250)	면	○	×	×	
한국전력공사(4251)	면	○	×	×	
한국통신공사(4252)	면	○	×	×	
한국수자원공사(4254)	면	○	×	×	
한국도로공사(4254)	면	○	×	×	
한국토지개발공사(4255)	면	○	×	×	
대한주택공사(4256)	면	○	×	×	
한국가스공사(4247)	면	○	×	×	
농어촌진흥공사(4258)	면	○	×	×	
공업(431)					
미분류(4310)	면	○	×	×	
공장(4311)	면	○	○ 5,625m²	○ 5,625m²	
발전소(4312)	면	○	○	○	
변전소(4313)	면	○	○	○	

상업(432)					
미분류(4320)	면	○	×	×	
시장(4321)	면	○	×	×	
백화점(4322)	면	○	×	×	
관광음식점(4323)	면	○	×	×	
농업기타(433)					
미분류(4330)	면	○	×	×	
양수장(4331)	면	○	×	×	
배수장(4332)	면	○	×	×	
양배수장(4333)	면	○	×	×	
취수장(4334)	면	○	×	×	
축사(4335)	면	○	×	×	
종축장(4336)	면	○	×	×	
도축장(4337)	면	○	×	×	
정미소(4338)	면	○	×	×	
정수장(4339)	면	○	×	×	
하수처리(434)					
미분류(4340)	면	○	×	×	
하수종말처리장(4341)	면	○	×	×	
공단폐수처리장(4342)	면	○	×	×	
축산폐수처리장(4343)	면	○	×	×	
농공단지오폐수처리장(4344)	면	○	×	×	
간이오수처리장(4345)	면	○	×	×	
분뇨처리장(4346)	면	○	×	×	
문화·교육(441)					
미분류(4410)	면	○	×	×	
학교(4411)	면	○	○	○	
유치원·유아원(4412)	면	○	×	×	
도서관(4413)	면	○	○	○	독립건물기준
체육관(4414)	면	○	○	○	독립건물기준
실내수영장(4415)	면	○	○	○	독립건물기준
학원(4416)	면	○	×	×	
기숙사(4417)	면	○	○	○	독립건물기준
문화·종교(442)					
미분류(4420)	면	○	×	×	
교회(4421)	면	○	○	○	
성당(4422)	면	○	○	○	
절(4423)	면	○	○	○	
기타종교시설(4424)	면	○	×	×	
박물관(4425)	면	○	×	×	
미술관(4426)	면	○	×	×	
공회당(4427)	면	○	×	×	
언론기관(443)					
미분류(4430)	면	○	×	×	
TV방송국(4431)	면	○	○	○	독립건물기준
라디오방송국(4432)	면	○	○	○	독립건물기준
신문사(4433)	면	○	○	○	독립건물기준
잡지사(4434)	면	○	×	×	
CATV방송국(4435)	면	○	×	×	

숙박(451)					
미분류(4510)	면	○	×	×	
호텔(4511)	면	○	×	×	
여관(4512)	면	○	×	×	
콘도미니엄(4513)	면	○	×	×	
목욕탕(4514)	면	○	×	×	
운수 · 창고(452)					
미분류(4520)	면	○	×	×	
역(4521)	면	○	○	○	
고속버스터미널(4522)	면	○	○	○	
시외버스터미널(4523)	면	○	○	○	
창고(4524)	면	○	×	×	
공항(4525)	면	○	○	○	
자동차정비수리소(4526)	면	○	×	×	
세차장(4527)	면	○	×	×	
주유소(4528)	면	○	×	×	
금융 · 조합(453)					
미분류(4530)	면	○	×	×	
은행(4531)	면	○	○	○	독립건물기준
협동조합(4532)	면	○	×	×	
기타금융기관(4533)	면	○	×	×	
보험회사(4534)	면	○	×	×	
병원(461)					
미분류(4610)	면	○	×	×	
일반병원(4611)	면	○	○	○	독립건물기준
결핵병원(4612)	면	○	×	×	
나병원(4613)	면	○	×	×	
정신병원(4614)	면	○	×	×	
약국(4615)	면	○	×	×	
아동복지시설(462)					
미분류(4620)	면	○	×	×	
육아시설(4621)	면	○	×	×	
아동상담소(4622)	면	○	×	×	
자립지원시설(4623)	면	○	×	×	
탁아시설(4624)	면	○	×	×	
영아시설(4625)	면	○	×	×	
아동일시보호시설(4626)	면	○	×	×	
아동직업보도시설(4627)	면	○	×	×	
사회복지시설(463)					
미분류(4630)	면	○	×	×	
양로시설(4631)	면	○	×	×	
장애인재활시설(4632)	면	○	×	×	
모자보호시설(4633)	면	○	×	×	
미혼모시설(4634)	면	○	×	×	
노인복지회관(4635)	면	○	×	×	
부녀복지관(4636)	면	○	×	×	
사회복지관(4637)	면	○	×	×	

대분류	중분류	소분류
지류(5)	경계(51)	지류경계(511)
	녹지기호(52)	경작지(521)
		조경(522)
		산림(523)
	기타기호(53)	문화(531)
		체육(532)
		광산(533)
		매립 기타(534)

세분류	표현방식	축척에 따른 취사선택 기준			
		5,000	25,000	50,000	비 고
지류경계(511)					
미분류(5110)	면	○	×	×	
지류계(5111)	면	○	○ 5,625m^2	○ 5,625m^2	
경지계(5112)	면	○ 225m^2	×	×	
묘지계(5113)	면	○ 484m^2	○ 5,625m^2	○ 5,625m^2	
산림계(5114)	면	○	×	×	
기타경계(5115)	면	○	×	×	
경작지(521)					
미분류(5210)	점	○	×	×	
논(5211)	점	○	○	○	
밭(5212)	점	○	○	○	
과수원(5213)	점	○	○	○	
목초지(5214)	면	○	○ 625m^2	○ 5,625m^2	
황무지(5215)	점	○	×	×	
조림지(5216)	점	○	×	×	
조경(522)					
미분류(5220)	점	○	×	×	
잔디(5221)	점	○	×	×	
화단(5222)	점	○	×	×	
정원수(5223)	점	○	×	×	
산림(523)					
미분류(5230)	점	○	×	×	
활엽수(5231)	점	○	○	○	
침엽수(5232)	점	○	○	○	
혼합림(5233)	점	○	○	○	
대나무숲(5234)	점	○	○	○	

문화(531)					
미분류(5310)	점	○	×	×	
묘지(5311)	점	○	○	○	묘지계의 크기
공동묘지(5312)	점	○	○	○	묘지계의 크기
능묘(5313)	점	○	○	○	현저한 것
명승고적(5314)	점	○	○	○	현저한 것
성(5315)	선	○	○ 75m	○ 150m	
유적지(5316)	점	○	○	○	현저한 것
체육(532)					
미분류(5320)	점	○	×	×	
골푸장(5321)	점	○	×	×	
테니스장(5322)	선	○	×	×	
운동장(5323)	면	○	○(선)	○(선)	
어린이놀이터(5324)	점	○	×	×	
스키장(5325)	점	○	○	○	
광산(533)					
미분류(5330)	점	○	×	×	
채석장(5331)	점	○	×	×	
토취장(5332)	점	○	×	×	
골재채취장(5333)	점	○	×	×	
광산(5334)	점	○	○	○	사용 중
온천(5335)	점	○	○	○	사용 중
매립 기타(534)					
미분류(5340)	점	○	×	×	
공지(5341)	점	○	×	×	
적치장(5342)	점	○	×	×	
토사매립지(5343)	점	○	×	×	
폐기물매립지(5344)	점	○	×	×	
쓰레기매립지(5345)	면	○	○	○	

대분류	중분류	소분류
시설물(6)	경계(61)	구조물(611)
		수송관(선)지상(612)
		수송관(선)지하(612)
	목표물 I (62)	입상(621)
		탑(622)
		조명(623)
		전주(624)
	목표물 II (63)	지하수(631)
		저장시설(632)
		관측소(633)
		맨홀(634)
		기타(635)

세분류	표현방식	축척에 따른 취사선택 기준			
		5,000	25,000	50,000	비 고
구조물(611)					
미분류(6110)	선	○	×	×	
낙석방치책(6111)	선	○	○ 75m	○ 150m	
방호책(6112)	선	○	○ 75m	○ 150m	
차광책(6113)	선	○	×	×	
소음방지책(6114)	선	○	○ 75m	○ 150m	
탱크(6115)	선	○	×	×	
암거(6116)	선	○	×	×	
기타 콘크리트구조물(6117)	면	○	○ 75m	○ 150m	
수송관(선)지상(612)					
미분류(6120)	선	○	×	×	
상수도(6121)	선	○ 5m	○ 25m	○ 50m	
하수도(6122)	선	○ 5m	○ 25m	○ 50m	
송유관(6123)	선	○ 5m	○ 25m	○ 50m	
가스관(6124)	선	○ 5m	○ 25m	○ 50m	
송전선(6125)	선	○ 5m	○ 25m	○ 50m	
통신선(6126)	선	○ 5m	○ 25m	○ 50m	
수송관(선)지하(613)					
미분류(6130)	선	○	×	×	
상수도(6131)	선	○	×	×	
하수도(6132)	선	○	×	×	
송유관(6133)	선	○	×	×	
가스관(6134)	선	○	×	×	
송전선(6135)	선	○	×	×	
통신선(6136)	선	○	×	×	

입상(621)					
미분류(6210)	점	○	×	×	
기념비(6211)	점	○	○	○	
묘비(6212)	점	○	×	×	
동상(6213)	점	○	×	×	
석등(6214)	점	○	×	×	
탑(622)					
미분류(6220)	면	○	×	×	
소방탑(6221)	면	○	×	×	
저수탑(6222)	면	○	×	×	
취수탑(6223)	면	○	×	×	
전파탑(6224)	면	○	×	×	
송전탑(6225)	면	○	×	×	
조명(623)	점	○			
미분류(6230)	점	○	×	×	
조명등(6231)	점	○	×	×	
방범등(6232)	점	○	×	×	
등대(유간수)(6233)	점	○	×	×	
등대(무간수)(6234)	점	○	×	×	
유도등(6235)	점	○	×	×	
항공등대(6236)	점	○	×	×	
전주(624)					
미분류(6240)	점	○	×	×	
전화주(6241)	점	○	×	×	
전력주(6242)	점	○	×	×	
유선주(6243)	점	○	×	×	
공동주(6244)	점	○	×	×	
지하수(631)					
미분류(6310)	점	○	×	×	
우물(6311)	점	○	○	○	
관정(6312)	점	○	×	×	
분수(6313)	점	○	×	×	
저장시설(632)					
미분류(6320)	점	○	×	×	
저수조(6321)	점	○	×	×	
저유조(6322)	점	○	×	×	
기타 저장조(6323)	점	○	×	×	
소화전(6324)	점	○	×	×	
소화전(입상)(6325)	점	○	×	×	

관측소(관측지점)(633)					
미분류(6330)	점	○	×	×	
수위관측소(6331)	점	○	×	×	
유량관측소(6332)	점	○	×	×	
우량관측소(6333)	점	○	×	×	
수질관측소(6334)	점	○	×	×	
파랑관측소(6335)	점	○	×	×	
풍향·풍속관측소(6336)	점	○	×	×	
대기오염관측소(6337)	점	○	×	×	
맨홀(634)					
미분류(6340)	점	○	×	×	
공동구(6341)	점	○	×	×	
가스(6342)	점	○	×	×	
전화(6343)	점	○	×	×	
전기(6344)	점	○	×	×	
하수(6345)	점	○	×	×	
상수(6346)	점	○	×	×	
통신(6347)	점	○	×	×	
기타(635)					
미분류(6350)	점	○	×	×	
독립수(활엽수)(6351)	점	○	×	×	
독립수(침엽수)(6352)	점	○	×	×	
굴뚝(6353)	점	○	×	×	
헬기장(6354)	점	○	×	×	
지하환기구(6355)	점	○	×	×	
풀장(6356)	점	○	×	×	
양식장(6357)	점	○	×	×	

대분류		중분류		소분류	
지형(7)		등고선(71)		볼록지(711)	
				오목지(712)	
				수치(713)	
		지형표현(72)		자연(721)	
				인공(722)	
		기준점(73)		국가 기준점(731)	
				항측 기준점(732)	
				기타 기준점(733)	

세분류	표현방식	축척에 따른 취사선택 기준			
		5,000	25,000	50,000	비고
볼록지(711)					
미분류(7110)	선	○	×	×	
주곡선(7111)	선	○ 5m	○ 10m	○ 20m	
간곡선(7112)	선	○ 2.5m	○ 5m	○ 10m	
조곡선(7113)	선	○ 1.25m	○ 2.5m	○ 5m	
계곡선(7114)	선	○ 25m	○ 50m	○ 100m	
오목지(712)					
미분류(7120)	선	○	×	×	
주곡선(7121)	선	○단경 25m	○ 단경50m	○ 단경 100m	
간곡선(7122)	선	○단경 25m	○ 단경50m	○ 단경 100m	
조곡선(7123)	선	○단경 25m	○ 단경50m	○ 단경 100m	
계곡선(7124)	선	○단경 25m	○ 단경50m	○ 단경 100m	
수치(713)					
미분류(7130)	점	○	×	×	
등고수치(7131)	점	○	○	○	
표고수치(7132)	점	○	○	○	
삼각점수치(7133)	점	○	○	○	
수준점수치(7134)	점	○	○	○	
자연(721)					
미분류(7210)	선	○	×	×	
봉토지(7211)	선	○	○ 250m	○ 500m	
사태지(7212)	선	○	○ 250m	○ 500m	
벼랑바위(7213)	선	○	○ 250m	○ 500m	
너덜바위(7214)	선	○	○ 37.5m	○ 75m	
동굴입구(7215)	선	○	×	×	
능선(7216)	선	○	×	×	
표고점(7217)	점	○	○	○	

인공(722)				
미분류(7220)	선	○	×	×
성토(상단)(7221)	선	○	○ 125m	○ 250m
절토(상단)(7222)	선	○	○ 125m	○ 250m
성절토(하단)(7223)	선	○	○ 125m	○ 250m
콘크리트옹벽(상단)(7224)	선	○	○ 75m	○ 150m
콘크리트옹벽(하단)(7225)	선	○	○ 75m	○ 150m
석축(상단)(7226)	선	○	○ 75m	○ 150m
석축(하단)(7227)	선	○	○ 75m	○ 150m
경사보호망(7228)	선	○	×	×
국가 기준점(731)				
미분류(7310)	점	○	×	×
삼각점(7311)	점	○	○	○
수준점(7312)	점	○	○	○
항측 기준점(732)				
미분류(7320)	점	○	×	×
평면 기준점(7321)	점	○	×	×
표고 기준점(7322)	점	○	×	×
사진 기준점(7323)	점	○	×	×
기타 기준점(733)				
미분류(7330)	점	○	×	×
지적(7331)	점	○	×	×
수로(7332)	선	○	×	×
기타(7333)	점	○	×	×
도곽선(7334)	선	○	○	○
격자(7335)	선	○	×	×

대분류	중분류		소분류	
행정 및 지역경계(8)	행정경계(81)		행정경계선(811)	
	지역(구역)경계(82)		산업 지역경계(821)	
			환경 지역경계(822)	
			관광문화 지역경계(823)	
			주거 지역경계(824)	

세분류	표현방식	축척에 따른 취사선택 기준			
		5,000	25,000	50,000	비 고
행정경계선(811)					
미분류(8110)	선	○	×	×	
국경(8111)	선	○	○	○	
특별시·광역시·도(8112)	선	○	○	○	
시(8113)	선	○	○	○	
군(8114)	선	○	○	○	
구(8115)	선	○	○	○	
읍(8116)	선	○	○	○	
동(8117)	선	○	○	○	
면(8118)	선	○	○	○	
리(8119)	선	○	×	×	
산업 지역경계(821)					
미분류(8210)	선	○	×	×	
국가공업단지(8211)	선	○	×	×	
지방공업단지(8212)	선	○	×	×	
농공단지(8213)	선	○	×	×	
축산단지(8214)	선	○	×	×	
국토계획관련 지역(8215)	선	○	×	×	
환경 지역경계(822)					
미분류(8220)	선	○	×	×	
자연환경보전 지역(8221)	선	○	×	×	
자연생태보전구역(8222)	선	○	×	×	
상수원보호구역(8223)	선	○	×	×	
개발제한구역(8224)	선	○	×	×	
환경보존대책 지역(8225)	선	○	×	×	
관광·문화 지역경계(823)					
미분류(8230)	선	○	×	×	
문화재보호구역(8231)	선	○	×	×	
관광단지(8232)	선	○	×	×	
위락단지(8233)	선	○	×	×	
주거 지역경계(824)					
미분류(8240)	선	○	×	×	
외국인주거 지역(8241)	선	○	×	×	

대분류	중분류	소분류
주기(9)	지형・지물(91)	도로(911)
		철도(912)
		하천(913)
		건물(914)
		지류(915)
		시설물(916)
	행정지물(92)	도시 지역(921)
		농어촌 지역(922)
		지역(구역)명(923)

세분류	표현방식	축척에 따른 취사선택 기준			
		5,000	25,000	50,000	비 고
도로(911)					
미분류(9110)	점(문자)	○	×	×	
도로(9111)	점(문자)	○	○	○	
유료도로(9112)	점(문자)	○	○	○	
도로시설(9113)	점(문자)	○	×	×	
다리(9114)	점(문자)	○	○	○	기호유무
터널(9115)	점(문자)	○	○	○	기호유무
행선지명(9116)	점(문자)	○	×	×	
철도(912)					
미분류(9120)	점(문자)	○	×	×	
철도(9121)	점(문자)	○	○	○	
철도시설(9122)	점(문자)	○	○	○	
철교(9123)	점(문자)	○	○	○	
터널(9124)	점(문자)	○	○	○	기호유무
행선지명(9125)	점(문자)	○	×	×	
하천(913)					
미분류(9130)	점(문자)	○	×	×	
하천(9131)	점(문자)	○	○	○	
세류(9132)	점(문자)	○	×	×	
하천시설(9133)	점(문자)	○	○	○	저수지
지하수로(9134)	점(문자)	○	○	○	기호유무
건물(914)					
미분류(9140)	점(문자)	○	×	×	
지방행정기관(9141)	점(문자)	○	○	○	
치안행정기관(9142)	점(문자)	○	○	○	
기타행정기관(9143)	점(문자)	○	○	○	
산업시설(9144)	점(문자)	○	○	○	필요시
문화・교육시설(9145)	점(문자)	○	○	○	
서비스시설(9146)	점(문자)	○	○	○	필요시
의료・후생시설(9147)	점(문자)	○	○	○	필요시

지류(915)					
미분류(9150)	점(문자)	○	×	×	
식생(9151)	점(문자)	○	×	×	
평야·들(9152)	점(문자)	○	○	○	
산·산맥(9153)	점(문자)	○	○	○	
변형지물·바위(9154)	점(문자)	○	×	×	
시설물(916)					
미분류(9160)	점(문자)	○	×	×	
구조물(9161)	점(문자)	○	○	○	현저한 것
목표물(9162)	점(문자)	○	○	○	현저한 것
도시 지역(921)					
미분류(9210)	점(문자)	○	×	×	
특별시(9211)	점(문자)	○	○	○	
광역시(9212)	점(문자)	○	○	○	
도(9213)	점(문자)	○	○	○	
시(9214)	점(문자)	○	○	○	
구(9215)	점(문자)	○	○	○	
법정동(9216)	점(문자)	○	○	○	
행정동(9217)	점(문자)	○	○	○	
농어촌 지역(922)					
미분류(9220)	점(문자)	○	×	×	
도(9221)	점(문자)	○	○	○	
군(9222)	점(문자)	○	○	○	
읍(9223)	점(문자)	○	○	○	
면(9224)	점(문자)	○	○	○	
리(9225)	점(문자)	○	○	○	
자연부락(9226)	점(문자)	○	○	○	필요 시
지역(구역)명(923)					
미분류(9230)	점(문자)	○	×	×	
산업관련 지역명(9231)	점(문자)	○	○	○	
환경관련 지역명(9232)	점(문자)	○	○	○	
관광·문화관련 지역명(9233)	점(문자)	○	○	○	

부록 2. 일반화 Source code

1) 촌락 일반화(AML)

```
&type Point remove
&type
&s cov = [response 'input point coveage']

&if ^ [exists %cov% -coverage] &then
   &return &warning /& Coverage 〈 %old% 〉 does not exist in this workspace.

&s lt = [response 'Serching Radious']

&if [exists %cov%buf -coverage] &then
kill %cov%buf all
&if [exists %cov%op -coverage] &then
kill %cov%op all

buffer %cov% %cov%buf %cov% # # %lt% # point

ae
edit %cov%buf
ef poly
&s ar = [calc %lt% * %lt% * 3.141592]
sel for area 〈= %ar%
put %cov%op
q

build %cov%op poly

ap

reselect %cov% point overlap %cov%op poly # within

writeselect s.set
```

```
q

&if [exists %cov%sel -coverage] &then
kill %cov%sel all

reselect %cov% %cov%sel point s.set

&if [exists %cov%op -cover] &then
kill %cov%op all
&if [exists %cov%buf -cover] &then
kill %cov%buf all

&return
```

2) 건물 밀집화(AML)

```
&type Building Genealization by Density
&type Clustering Pattern Selection of House
&type
&s cov = [response 'Input build for Clustering']
&if ^ [exists %cov% -coverage] &then
    &return &warning /&  Coverage 〈 %cov% 〉 does not exist in this workspace.
&s lt = [response 'Quadrat distance(meter:ex 400) ']
&s cov1 = [response 'Enter out coverage:point']
&s lt1 = [response 'Enter Area Upper Limit(25000:156.25)']
&s lt2 = [response 'Enter Area Low Limit(5000:4)']

&if [exists %cov1% -cover] &then
kill %cov1% all


&type
&type  administrators point coverage: 4211 ~ 4238
&type
&type  input 〈 coverage 〉 or no 〈 no 〉
```

```
&s cov2 = [response 'Enter administraors point coverage']

&if ^ [exists %cov2% -cover] &then &goto jmp

&if ^ [exists %cov2% -coverage] &then
  &return &warning /&   Coverage 〈 %cov2% 〉 does not exist in this workspace.

&if [exists %cov%city -cover] &then
kill %cov%city all

&if [exists %cov2%tmp -cover] &then
kill %cov2%tmp all

ap
reselect %cov% poly overlap %cov2% point
writeselect s.set
q
reselect %cov% %cov2%tmp poly s.set



&s junk [close -all]
&s fu [open t.txt stat -write]



arcedit
mape %cov%
edit %cov%
ef poly

&s xmin = [extract 1 [show mape]]
&s ymin = [extract 2 [show mape]]
&s xmax = [extract 3 [show mape]]
&s ymax = [extract 4 [show mape]]
&s dx = %xmax% - %xmin%
&s dy = %ymax% - %ymin%
&s si = [calc %dx%/%lt%]
&s siz = [calc %dy%/%lt%]
```

214

```
&s size  =  [calc %dx%/%si%]

&s count  =  [truncate %si%]
&s ycount  =  [truncate %siz%]

&s boxarea  =  [calc %size% * %size%]

&s xsize  =  %xmin%
&s ysize  =  %ymin%
&s xlsize  =  [calc %xmin% + %size%]
&s ylsize  =  [calc %ymin% + %size%]

&do i = 1 &to [calc %count% + 1]

sel box %xsize% %ysize%, %xlsize% %ylsize%
&s ct [show num sel]

/* &s junk [write %fu% [quote %ct%]]

 &s xsize  =  [calc %xsize% + %size%]
 &s xlsize  =  [calc %xlsize% + %size%]

 &end

&do i  =  1 &to 100000
&s xsize  =  %xmin%
&s ysize  =  [calc %ysize% + %size%]
&s xlsize  =  [calc %xsize% + %size%]
&s ylsize  =  [calc %ylsize% + %size%]

 &do i  =  1 &to [calc %count% + 1]

 &s ct [show num sel]
 &s den  =  [calc %ct%/%boxarea%]
 &s density  =  [calc %den% * 1000]
```

```
&type %density%

&if [exists %cov%city -cover] &then
&do
&if %density% >= 0.7 &then
 &do
 put %cov%city
 y
 &end
&end
&else
&do
&if %density% >= 0.7 &then
 &do
 put %cov%city
 &end
&end

/* &s junk [write %fu% [quote %ct%]]
  &s xsize = [calc %xsize% + %size%]
  &s x1size = [calc %x1size% + %size%]

&if %y1size% > [calc %ymax% + %size%] &then

&goto jump
&end
&end



&label jump
&s junk [close %fu%]

q
&type

&type Qudrat size: %size% meter
```

```
&s icount = 0
&s re = 0
&s funit = [open t.txt opetstat -r]
&s record = [read %funit% readstat]
&s icount = 0
&s re = 0

&do &while %readstat% ne 102
&s re = [calc %re% + %record%]

&s icount = [calc %icount% + 1]
&s record = [read %funit% readstat]
&end
&s closestat = [close %funit%]

&s unit = [open t.txt opetstat -r]
&s record1 = [read %unit% readstat]
&s cs = 0

&do &while %readstat% ne 102

&s record1 = [read %unit% readstat]
&end
&s closestat = [close %unit%]
clean %cov%city

ae
edit %cov2%tmp
ef poly
sel all

put %cov%city
y
q

kill %cov2%tmp all
```

```
clean %cov%city

/* process non density area

/******************************
ap
reselect %cov% poly overlap %cov%city poly
writeselect s.set
q

&if [exists %cov%cl -cover] &then
kill %cov%cl all

eliminate %cov% %cov%cl # # s.set


&label jmp

&s junk [close -all]
&s fu [open t.txt stat -write]


arcedit
mape %cov%
edit %cov%
ef poly

&s xmin = [extract 1 [show mape]]
&s ymin = [extract 2 [show mape]]
&s xmax = [extract 3 [show mape]]
&s ymax = [extract 4 [show mape]]
&s dx = %xmax% - %xmin%
&s dy = %ymax% - %ymin%
&s si = [calc %dx%/%lt%]
&s siz = [calc %dy%/%lt%]
```

```
&s size = [calc %dx%/%si%]

&s count = [truncate %si%]
&s ycount = [truncate %siz%]

&s boxarea = [calc %size% * %size%]

&s xsize = %xmin%
&s ysize = %ymin%
&s x1size = [calc %xmin% + %size%]
&s y1size =  [calc %ymin% + %size%]

&do i = 1 &to [calc %count% + 1]
sel box %xsize% %ysize%, %x1size% %y1size%
&s ct [show num sel]

/* &s junk [write %fu% [quote %ct%]]

 &s xsize = [calc %xsize% + %size%]
 &s x1size = [calc %x1size% + %size%]

  &end

&do i = 1 &to 100000
&s xsize = %xmin%
&s ysize = [calc %ysize% + %size%]
&s x1size = [calc %xsize% + %size%]
&s y1size = [calc %y1size% + %size%]

 &do i = 1 &to [calc %count% + 1]
 sel box %xsize% %ysize%, %x1size% %y1size%
 &s ct [show num sel]
 &s den = [calc %ct%/%boxarea%]
&s density = [calc %den% * 1000]

&type %density%
```

```
&if [exists %cov%city -cover] &then
&do
&if %density% >= 0.7 &then
 &do
 put %cov%city
 y
 &end
&end
&else
&do
&if %density% >= 0.7 &then
 &do
 put %cov%city
 &end
&end

/* &s junk [write %fu% [quote %ct%]]
  &s xsize = [calc %xsize% + %size%]
  &s x1size = [calc %x1size% + %size%]

&if %y1size% > [calc %ymax% + %size%] &then

&goto jump1
&end
&end



&label jump1
&s junk [close %fu%]

q
&type

&type Qudrat size: %size% meter


&s icount = 0
```

```
&s re = 0
&s funit = [open t.txt opetstat -r]
&s record = [read %funit% readstat]
&s icount = 0
&s re = 0

&do &while %readstat% ne 102
&s re = [calc %re% + %record%]

&s icount = [calc %icount% + 1]
&s record = [read %funit% readstat]
&end
&s closestat = [close %funit%]

&s unit = [open t.txt opetstat -r]
&s record1 = [read %unit% readstat]
&s cs = 0

&do &while %readstat% ne 102

&s record1 = [read %unit% readstat]
&end
&s closestat = [close %unit%]
clean %cov%city

/* process non density area
/*******************************
ap
reselect %cov% poly overlap %cov%city poly
writeselect s.set
q

&if [exists %cov%cl -cover] &then
kill %cov%cl all

eliminate %cov% %cov%cl # # s.set
```

```
/******pointing

arcedit
edit %cov%cl
ef poly
sel for area >= %lt1%
put %cov%ar
q

build %cov%ar poly

arcedit
edit %cov%ar
ef poly
sel all
put %cov%city
y
q
kill %cov%ar all
clean %cov%city

arcedit
edit %cov%cl
ef poly
sel for area >= %lt2% and area <= %lt1%
put %cov%tmp
q

kill %cov%cl all

build %cov%tmp poly
createlabels %cov%tmp 1
arcedit
edit %cov%tmp
ef label
sel all
```

```
put %cov1%
q
build %cov1% point

kill %cov%tmp all
&type
&type
&type
&type Do you want Aggregation buildings
&type
&s qa = [response 'enter y/n']

&if %qa% = 'n' &then &goto jp
&s qa1 = [response 'Aggregation Distance(0 < dist < 5)']

buffer %cov%city %cov%ctp %cov%city # # %qa1%

&if [exists %cov%ag -cover] &then
kill %cov%ag all

arcedit
edit %cov%ctp
ef poly
sel all
resel inside = 1 and area > [calc %lt1%/2]
put %cov%ag
q

build %cov%ag poly
&label jp
&if [exists %cov%ctp -cover] &then
kill %cov%ctp all

&return
```

3) 도로 일반화 (AML)

```
&s covg = [response 'Enter coverage name for generalize']

&if ^ [exists %covg% -coverage] &then
   &return &warning /&/&   Coverage 〈 %covg% 〉 does not exist in this workspace.
&s lt = [response 'input elimination length(25000;250, 50000;500)']
&type if you "yes", input coverage name
&type if you "no", input "no"
&s im = [response 'Enter lake or house']


&s a = [iteminfo %covg% -line layer -exists]
&if %a% eq .false. &then


&do
&type
&type
&type [listitem %covg% -line]
&type
&type
&s ch = [response '  Input item on the layer info']
tables
sel %covg%.aat
alter %ch%. layer,,,,
q
&end



/* 임시파일 제거
&if [exists %covg%cl -cover] &then
kill %covg%cl all
&if [exists %covg%l -cover] &then
kill %covg%l all
&if [exists %covg%poly -cover] &then
kill %covg%poly all
&if [exists %covg%cen -cover] &then
kill %covg%cen all
```

```
&if [exists %covg%cg -cover] &then
kill %covg%cg all
&if [exists %covg%cenbuf -cover] &then
kill %covg%cenbuf all
&if [exists %im%tmp -cover] &then
kill %im%tmp all
&if [exists %covg%tmpbuf -cover] &then
kill %covg%tmpbuf all
&if [exists %im%tm -cover] &then
kill %im%tm all
&if [exists %covg%tmp1 -cover] &then
kill %covg%tmp1 all
&if [exists %covg%tmp -cover] &then
kill %covg%tmp all
&if [exists %im%buf -cover] &then
kill %im%buf all
&if [exists %covg%t -cover] &then
kill %covg%t all
&if [exists %covg%n -cover] &then
kill %covg%n all
&if [exists %covg%d -cover] &then
kill %covg%d all
&if [exists %covg%cen -cover] &then
kill %covg%cen all

&if ^ [exists %im% -cover] &then &goto jump


/* 예외규칙 적용
arcedit
edit %im%
ef poly
sel all
reselect area < 156.25
put %im%tm
q
build %im%tm poly
```

```
reselect %covg% %covg%tmp1 line
reselect layer = '3119'
~
n
n

build %covg%tmp1 line
buffer %covg%tmp1 %covg%tmpbuf  %covg%tmp1-id # 3
arcplot
mape %im%tm
reselect %im%tm poly overlap %covg%tmpbuf poly


writeselect ss.set
q
reselect %im%tm %im%tmp poly ss.set

buffer %im%tmp %im%buf %im%tmp-id # 3

kill %im%tmp all
kill %covg%tmpbuf all
kill %im%tm all
arcplot

mape %covg%

writeselect s.set
q
reselect %covg%tmp1  %covg%tmp line s.set

kill %covg%tmp1 all

tables
sel  %covg%tmp.aat
calc layer = '1'
q
arcedit
```

```
edit  %covg%tmp
de all
ef arc
sel all
put %covg%
y
q

kill %covg%tmp all
kill %im%buf all

/* 도로일반화
/*&if [exists %kind% -cover] &then
/*kill %kind% all


&label jump

arcedit

edit %covg%
ef arc
sel dangle
resel layer = '3119' and length <= %lt%
&s rsel = [show num sel]
&if %rsel% ne 0 &then
&do
 unsel layer = '1'
 delete
&end

sel dangle
resel layer = '3118' and length <= 50
&s rsel = [show num sel]
&if %rsel% ne 0 &then
&do
 unsel layer = '1'
```

```
  delete
&end

sel dangle
resel layer = '3117' and length <= 10
&s rsel = [show num sel]
&if %rsel% ne 0 &then
&do
  unsel layer = '1'
  delete
&end


/* 6m 이하 중심선
sel for  layer = '3117'
put %covg%cen

sel for layer ne '3117'

put %covg%sim
q
n

/*  예외규칙 적용까지
/* 단선화


buffer %covg%cen %covg%cenbf %covg%cen-id # 3

tables
sel %covg%cenbf.pat
resel area <= 100 and inside = 1
cal inside = 100
q
build %covg%cenbf poly

dissolve %covg%cenbf %covg%cenbuf inside
```

```
build %covg%cenbuf poly

&s tol = 1.5
/*&s tol = 2.5

tolerance %covg%cenbuf fuzzy %tol%
tolerance %covg%cenbuf weed %tol%
tolerance %covg%cenbuf grain %tol%

nodepoint %covg%d %covg%n
thiessen %covg%n %covg%t %tol%

/* reselect linework within polygons
ap
reselect %covg%t line overlap %covg%cenbuf poly # within
writeselect %covg%cenbuf.set
q

reselect %covg%t %covg%cl line %covg%cenbuf.set line
&sys del %covg%cenbuf.se*

/* get rid of pseudo nodes
ae
ec %covg%cl
ef arc
sel all
cal $id = 1
unsplit
q y

/* clean up intermediate covers
kill %covg%t all
kill %covg%n all
kill %covg%d all
kill %covg%cen all
/*
```

```
&echo &off
/* &return

/*
/*


clean %covg%cl %covg%cl # # poly
build %covg%cl line

arcedit
edit %covg%cl
ef poly
sel all
put %covg%poly
q
build %covg%poly poly

&pause /* 내부 폴리곤 오류를 제거
erase %covg%cl %covg%poly %covg%l poly

/* 일반화
generalize %covg%l %covg%cg 2.5
build %covg%cg line
arcedit
edit %covg%cg
de all
ef arc
sel all
unsplit
sel for length <= 10
delete
save
q

arcedit
edit %covg%cg
```

```
ef arc;sel all;put %covg%sim
y
~
q
build %covg%sim line

tables
sel   %covg%.aat
reselect layer = '1'
&if .true. &then
calc layer = '3119'
q
build %covg%sim line

&if [exists %covg%cl -cover] &then
kill %covg%cl all

&if [exists %covg%l -cover] &then
kill %covg%l all

&if [exists %covg%poly -cover] &then
kill %covg%poly all

&if [exists %covg%cen -cover] &then
kill %covg%cen all

&if [exists %covg%cg -cover] &then
kill %covg%cg all

&if [exists %covg%cenbuf -cover] &then
kill %covg%cenbuf all
&if [exists %covg%cenbf -cover] &then
kill %covg%cenbf all

&return
```

4) 하천 일반화 (AML)

```
&s covg = [response 'Enter coverage name for generalize']
&if ^ [exists %covg% -coverage] &then
   &return &warning /&   Coverage 〈 %covg% 〉 does not exist in this workspace.
&s lt = [response 'input elimination length(25000:250, 50000:500)']
&type if you "yes", input coverage name
&type if you "no", input "no"
&s im = [response 'Enter lake or house']

&s a = [iteminfo %covg% -line layer -exists]

&if %a% eq .false. &then
&do
&type
&type
&type [listitem %covg% -line]
&type
&type
&s ch = [response ' Input item on the layer info']
tables
sel %covg%.aat
alter %ch%, layer,,,,
q
&end

/* 임시파일 제거
&if [exists %covg%cl -cover] &then
kill %covg%cl all
&if [exists %covg%l -cover] &then
kill %covg%l all
&if [exists %covg%poly -cover] &then
kill %covg%poly all
&if [exists %covg%cen -cover] &then
kill %covg%cen all
&if [exists %covg%cg -cover] &then
kill %covg%cg all
```

```
&if [exists %covg%cenbuf -cover] &then
kill %covg%cenbuf all
&if [exists %im%tmp -cover] &then
kill %im%tmp all
&if [exists %covg%tmpbuf -cover] &then
kill %covg%tmpbuf all
&if [exists %im%tm -cover] &then
kill %im%tm all
&if [exists %covg%tmp1 -cover] &then
kill %covg%tmp1 all
&if [exists %covg%tmp -cover] &then
kill %covg%tmp all
&if [exists %im%buf -cover] &then
kill %im%buf all
&if [exists %covg%t -cover] &then
kill %covg%t all
&if [exists %covg%n -cover] &then
kill %covg%n all
&if [exists %covg%d -cover] &then
kill %covg%d all
&if [exists %covg%cen -cover] &then
kill %covg%cen all



&if ^ [exists %im% -cover] &then &goto jump

/*  예외규칙 적용
arcedit

edit %im%
ef poly
sel all
resel area ge 625
put %im%tm
q
```

```
build %im%tm poly
copy %im%tm %im%625

reselect  %covg% %covg%tmp1 line
reselect layer = '2112'
~
n
n

build %covg%tmp1 line
buffer %covg%tmp1 %covg%tmpbuf  %covg%tmp1-id # 2.5
arcplot
mape %im%
reselect %im%tm poly overlap %covg%tmpbuf poly
writeselect ss.set
q
reselect %im%tm %im%tmp poly ss.set

buffer %im%tmp %im%buf %im%tmp-id # 2.5

kill %im%tmp all
kill %covg%tmpbuf all
kill %im%tm all


arcplot

mape %covg%

/*  호수와 인접한 세류찾기

reselect %covg%tmp1 line overlap %im%buf line
writeselect s.set
q
reselect %covg%tmp1  %covg%tmp line s.set
```

```
kill %covg%tmp1 all

tables
sel   %covg%tmp.aat
calc layer  =  '1'
q
arcedit
edit   %covg%tmp
de all
ef arc
sel all
put %covg%
y
q

kill %covg%tmp all
kill %im%buf all

&label jump

&if [exists %covg%sim -cover] &then
kill %covg%sim all


arcedit

edit %covg%
ef arc
sel dangle
resel layer  =  '2112' and length <= %lt%
&s rsel  =  [show num sel]
&if %rsel% ne 0 &then
unsel layer  =  '1'
delete


/* 세류의 중심선
```

```
sel for layer = '2111'
/* 실폭하천을 선택해 단선화
put %covg%cen

sel for layer ne '2111'
/* 실폭이 아닌 하천은  저장
put %covg%sim
q
n


/*  예외규칙 적용까지
/* 단선화


buffer %covg%cen %covg%cenbuf %covg%cen-id # 3

&s tol = 2.5

tolerance %covg%cenbuf fuzzy %tol%
tolerance %covg%cenbuf weed %tol%
tolerance %covg%cenbuf grain %tol%
densifyarc %covg%cenbuf %covg%d %tol% arc
nodepoint %covg%d %covg%n
thiessen %covg%n %covg%t %tol%

/* reselect linework within polygons
ap

writeselect %covg%cenbuf.set
q

reselect %covg%t %covg%cl line %covg%cenbuf.set line
&sys del %covg%cenbuf.se*

/* get rid of pseudo nodes
ae
ec %covg%cl
```

```
ef arc
sel all
cal $id = 1
unsplit
q y

/* clean up intermediate covers
kill %covg%t all
kill %covg%n all
kill %covg%d all
kill %covg%cen all
/*
/* &echo &off
/* &return




build %covg%cl poly
build %covg%cl line

arcedit
edit %covg%cl
ef poly
sel all
put %covg%poly
q
build %covg%poly poly

/* 내부 폴리곤 오류를 제거

erase %covg%cl %covg%poly %covg%l poly

/* 일반화
generalize %covg%l %covg%cg 2.5
build %covg%cg line
arcedit
edit %covg%cg
```

```
de all
ef arc
sel all
unsplit
sel for length <= 10
delete
save
q

arcedit
edit %covg%cg
ef arc;sel all;put %covg%sim
y
~
q

tables
sel   %covg%.aat
reselect layer = '1'
&if .true. &then
calc layer = '2112'
q
build %covg%sim line
&s .sim := %covg%sim

&if [exists %covg%cl -cover] &then
kill %covg%cl all

&if [exists %covg%l -cover] &then
kill %covg%l all

&if [exists %covg%poly -cover] &then
kill %covg%poly all

&if [exists %covg%cen -cover] &then
kill %covg%cen all
```

```
&if [exists %covg%cg -cover] &then
kill %covg%cg all

&if [exists %covg%cenbuf -cover] &then
kill %covg%cenbuf all


&return
```

5) 등고선 일반화 (AML)

```
&s cov = [response 'Enter contour coverage']
&if ^ [exists %cov% -coverage] &then
   &return &warning /& Coverage 〈 %cov% 〉 does not exist in this workspace.

&s ct = [response 'Enter Contour level interval::10 ']

/* &s fcounter = [response 'input for simplification looping N']
&s fcounter = 2
&s fc = [response 'input for Generalization looping N']
&s fcount [calc %fcounter% - 1]
&if [exists %cov%%ct% -cover] &then
kill %cov%%ct% all

&s fcov = %cov%%ct%

/*************************************************************
/* 고도 정보를 위한 아이템 변경
&s a = [iteminfo %cov% -line dxf-elevation -exists]
&if %a% eq .false. &then

&do
&type
&type
&type [listitem %cov% -line]
&type
```

```
&type
&s ch = [response 'Input item on the Height ']
tables
sel %cov%.aat
alter %ch%, dxf-elevation,,,,
~
q
&end

&s a = [iteminfo %cov% -line div -exists]
&if %a% eq .true. &then
&do
dropitem %cov%.aat %cov%.aat
 div
 mul
 eqal
 end
&end



additem %cov%.aat %cov%.aat div 4 14 i
additem %cov%.aat %cov%.aat mul 4 14 i
additem %cov%.aat %cov%.aat eqal 4 14 i

tables
sel %cov%.aat
calc div = dxf-elevation/%ct%
calc mul = div * %ct%
calc eqal = dxf-elevation - mul
q

&if [exists %cov%%ct% -cover] &then
kill %cov%%ct% all
```

```
reselect %cov% %cov%%ct% line
resel eqal = 0
~
n
n


dropitem %cov%.aat %cov%.aat
 div
 mul
 eqal
 end
dropitem %cov%%ct%.aat %cov%%ct%.aat
div
mul
eqal
end

build %cov%%ct% line
```

/* 등고선 간격 선택 끝


```
&s junk [close -all]
&s jk [close -all]
&s fu [open t.txt stat -write]
&s fs [open s.txt stat -write]
```


/* 속성정보내의 vertices 개수 확인
```
&if [iteminfo %fcov% -line %fcov%.vertices -exists] = .true. &then
 countvertices %fcov% line
```
/* 버텍스 끝

```
ae
disp 0
```

```
edit %fcov% arc

  sel all

  &s arcs = [show num sel]

  &type arcs is %arcs%
  &do arc = 1 &to %arcs%
  &s rv 0
  &s md  0
  &s per 0
  &s rts  0
  &s xtmp 0
  &s ytmp 0

&type Working ....... %arc% of %arcs%
&type
&type Processing......   simplifying.....
&type

  &s pts = [show arc %arc% npnts]

&s elv = [show arc %arc% item dxf-elevation] /* item에 있는 고도 값 가져오기


&s  aaa [quote  %arc%, %elv% ] /* dxf-elevation의 아디 및 고도점 가져오기
&s jk [write %fs% %aaa%]


  &if %pts% 〉 2 &then


  &do pt = 1 &to [calc %pts% - 2]


    &s xyA = [show arc %arc% vertex %pt%]
```

```
&s xyB  =  [show arc %arc% vertex [calc %pt% + 1]]
&s xyC  =  [show arc %arc% vertex [calc %pt% + 2]]

&s xA  =  [extract 1 %xyA%]
&s xB  =  [extract 1 %xyB%]
&s xC  =  [extract 1 %xyC%]
&s yA  =  [extract 2 %xyA%]
&s yB  =  [extract 2 %xyB%]
&s yC  =  [extract 2 %xyC%]


 &s mdxx [calc ( %xA% + %xC% )/2]
 &s mdyy [calc ( %yA% + %yC% )/2]
/* &s mxd [calc ( %xb% + %mdx% )/2]
/* &s myd [calc ( %yb% + %mdy% )/2]

&if %xc% eq %xa% &then
 &s gr [calc %yc% - %ya%]  /* 절편이 0
&else
&s gr [calc ( %yc% - %ya% )/( %xc% - %xa% )]  /* 빗변의 기울기
&s bgr [calc %yc% - ( %gr% * %xc% )]  /* 직선의 B값
&if %gr% eq 0 &then  /* 절편이 0
 &s ingr = 0
 &else
 &s ingr [calc 1/%gr% * -1]  /* 중앙 점에 수직인 기울기 -(1/N)

&s perB [calc %yb% - ( %ingr% * %xb% )]  /* 중앙점을 통과하는 B


&s xap [calc %perb% - %bgr% ]
&s xdi [calc %gr% + %ingr% * -1 ]

&if %xdi% eq 0 &then  /* 절편이 0
 &s xap = 0
 &else
&s xpoint [calc %xap%/%xdi%] /* 밑변에 수직으로 만나는 수선의 X좌표
```

&s ypoint [calc %gr% * %xpoint% + %bgr%] /* 밑변에 수직으로 만나는 수선의 Y 좌표

&s mdx [calc (%xb% + %xpoint%)/2] /* 수선의 중간 x좌표
&s mdy [calc (%yb% + %ypoint%)/2] /* 수선의 중산 y좌표

&s w1 = [abs [calc %xA% - %xB%]]
&s h1 = [abs [calc %yA% - %yB%]]
&s w2 = [abs [calc %xC% - %xB%]]
&s h2 = [abs [calc %yC% - %yB%]]
&s w3 = [abs [calc %xA% - %xC%]]
&s h3 = [abs [calc %yA% - %yC%]]

&s dist [abs [sqrt [calc (%xpoint% - %xb%) * (%xpoint% - %xb%) + (%ypoint% - %yb%) * (%ypoint% - %yb%)]]]
    /* 수선의 길이
&s twodista [abs[sqrt [calc (%yb% - %ya%) * (%yb% - %ya%) + (%xb% - %xa%) * (%xb% - %xa%)]]]
&s twodistb [abs[sqrt [calc (%yc% - %yb%) * (%yc% - %yb%) + (%xc% - %xb%) * (%xc% - %xb%)]]]

&s c = [sqrt [calc (%w1% * %w1%) + (%h1% * %h1%)]]
&s a = [sqrt [calc (%w2% * %w2%) + (%h2% * %h2%)]]
&s b = [sqrt [calc (%w3% * %w3%) + (%h3% * %h3%)]]

&s mm [calc (%b% * %b%) - (%a% * %a%) - (%c% * %c%)]
&s nn [calc 2 * %a% * %c% * -1]
/* mm과 nn이 0 일때

&if %mm% = 0 and %nn% = 0 &then
    &s div [acos 0]
&else
    &s mn [calc %mm%/%nn%]

&else
&s div [acos %mn%]
&s dn [calc 180 * %div%]

```
    &s deg [calc %dn%/3.141592]    /* 중앙점의 내각
    &s outdeg [calc 180 - %deg%] /*  외각

&s len = [show arc %arc% item length] /* item에 있는 길이 가져오기

&s vrlength = [calc %len%/[calc %pts% - 1]]

&if %pt% = 1 &then
  &s junk [write %fu% [quote %arc%]] /* 라인ID
&if %pt% = 1 &then
  &s junk [write %fu% [quote %xa% %ya%]] /* 라인의 첫번째 점

/***********************************

/***********************************
&if %dist% <= 10 and %outdeg% <= 10 and %twodista% <=  %vrlength% and
%twodistb% <= %vrlength% &then
/* &if %dist% <= 20 and %outdeg% <= 20 and %twodista% <=  %vrlength% and
%twodistb% <= %vrlength% &then
    /* &s junk [write %fu% [quote %xc% %yc%]] /* 제거
    &type processing .... removing
      &else
        &s junk [write %fu% [quote %xb% %yb%]] /* 유지



&if %dist% <= 10  &then

    &do

      &if %outdeg% <= 10 and %twodista% <= %vrlength% and %twodistb% <=
%vrlength% &then

      &s rv = %rv% + 1
        &else
        &s md = %md% + 1
      &end
```

```
&if [calc %pt% + 2] eq %pts%   &then
&s junk [write %fu% [quote %xc% %yc%]] /* 라인의 끝점

    &if %pt% = [calc %pts% - 2] &then
     &s junk [write %fu% [quote end ]]   /* 라인의 서식end

        &end
    &if %arc% = %arcs% &then
        &s junk [write %fu% [quote end ]] /* 라인 서식 end/end

&type
/* &type %rv% points removed of %pts%  at Vertexlength %vrlength%
&type



    &end

    &s junk [close %fu%]
    &s jk [close %fs%]



q
 generate %fcov%sml
 input t.txt
 line
 q
 build %fcov%sml line

/*countvertices %fcov%sm line

tables
define %fcov%sml.dat
%fcov%sml-id
```

```
4
3
b
dxf-elevation
4
12
f
3
~
sel %fcov%sm1.dat
add from s.txt
q
joinitem %fcov%sm1.aat %fcov%sm1.dat %fcov%sm1.aat %fcov%sm1-id %fcov%sm1-id


/* &return



/*****************************************************


&s junk [close -all]
&s jk [close -all]

&do i = 1 &to %fcount%
&if [EXIST %fcov%sm%i% -cover] = .true. &then

 &do
&s fu [open t.txt stat -write]
&s fs [open s.txt stat -write]

  ae
disp 0



edit %fcov%sm%i% arc
```

```
sel all

&s arcs = [show num sel]

&type arcs is %arcs%
&do arc = 1 &to %arcs%
&s rv 0
&s md  0
&s per 0
&s rts  0
&s xtmp 0
&s ytmp 0

&type Working ........ %arc% of %arcs%
&type
&type Processing......  simplifying.....
&type

  &s pts = [show arc %arc% npnts]

&s elv = [show arc %arc% item dxf-elevation] /* item에 있는 고도 값 가져오기


&s  aaa [quote  %arc%, %elv% ] /* dxf-elevation의 아디 및 고도점 가져오기
&s jk [write %fs% %aaa%]


  &if %pts% 〉2 &then


&do pt = 1 &to [calc %pts% - 2]


  &s xyA = [show arc %arc% vertex %pt%]
  &s xyB = [show arc %arc% vertex [calc %pt% + 1]]
```

```
&s xyC = [show arc %arc% vertex [calc %pt% + 2]]

&s xA = [extract 1 %xyA%]
&s xB = [extract 1 %xyB%]
&s xC = [extract 1 %xyC%]
&s yA = [extract 2 %xyA%]
&s yB = [extract 2 %xyB%]
&s yC = [extract 2 %xyC%]


 &s mdxx [calc ( %xA% + %xC% )/2]
 &s mdyy [calc ( %yA% + %yC% )/2]
/* &s mxd [calc ( %xb% + %mdx% )/2]
/* &s myd [calc ( %yb% + %mdy% )/2]

&if %xc% eq %xa% &then
 &s gr [calc %yc% - %ya%]  /* 절편이 0
&else
&s gr [calc ( %yc% - %ya% )/( %xc% - %xa% )]  /* 빝변의 기울기
&s bgr [calc %yc% - ( %gr% * %xc% )]  /*  직선의 B값
&if %gr% eq 0 &then  /* 절편이 0
 &s ingr = 0
 &else
 &s ingr [calc 1/%gr% * -1]  /* 중앙 점에 수직인 기울기 -(1/N)

&s perB [calc %yb% - ( %ingr% * %xb% )]  /* 중앙점을 통과하는 B


&s xap [calc %perb% - %bgr% ]
&s xdi [calc %gr% + %ingr% * -1 ]

&if %xdi% eq 0 &then  /* 절편이 0
 &s xap = 0
 &else
&s xpoint [calc %xap%/%xdi%] /* 밑변에 수직으로 만나는 수선의 X좌표

&s ypoint [calc %gr% * %xpoint% + %bgr%] /* 밑변에 수직으로 만나는 수선의 Y
```

좌표

```
&s mdx [calc ( %xb% + %xpoint% )/2] /* 수선의 중간 x좌표
&s mdy [calc ( %yb% + %ypoint% )/2] /* 수선의 중산 y좌표

&s w1 = [abs [calc %xA% - %xB%]]
&s h1 = [abs [calc %yA% - %yB%]]
&s w2 = [abs [calc %xC% - %xB%]]
&s h2 = [abs [calc %yC% - %yB%]]
&s w3 = [abs [calc %xA% - %xC%]]
&s h3 = [abs [calc %yA% - %yC%]]

&s dist [abs [sqrt [calc ( %xpoint% - %xb% ) * ( %xpoint% - %xb% ) + (
%ypoint% - %yb% ) * ( %ypoint% - %yb% )]]]
   /* 수선의 길이
&s twodista [abs[sqrt [calc ( %yb% - %ya% ) * ( %yb% - %ya% ) + ( %xb%
- %xa% ) * ( %xb% - %xa% ) ]]]
&s twodistb [abs[sqrt [calc ( %yc% - %yb% ) * ( %yc% - %yb% ) + ( %xc%
- %xb% ) * ( %xc% - %xb% ) ]]]

&s c = [sqrt [calc ( %w1% * %w1% ) + ( %h1% * %h1% )]]
&s a = [sqrt [calc ( %w2% * %w2% ) + ( %h2% * %h2% )]]
&s b = [sqrt [calc ( %w3% * %w3% ) + ( %h3% * %h3% )]]

&s mm [calc ( %b% * %b% ) - ( %a% * %a% ) - ( %c% * %c% )]
&s nn [calc 2 * %a% * %c% * -1]
/* mm과 nn이 0  일때

&if %mm% = 0 and %nn% = 0 &then
   &s div [acos 0]
 &else
  &s mn [calc %mm%/%nn%]


&s dn [calc 180 * %div%]
&s deg [calc %dn%/3.141592]   /* 중앙점의 내각
&s outdeg [calc 180 - %deg%] /*  외각
```

```
&s len = [show arc %arc% item length] /* item에 있는 길이 가져오기

&s vrlength = [calc %len%/[calc %pts% - 1]]

 &if %pt% = 1 &then
  &s junk [write %fu% [quote %arc%]] /* 라인ID
  &if %pt% = 1 &then
  &s junk [write %fu% [quote %xa% %ya%]] /* 라인의 첫번째 점


/**********************************

/**********************************

 &if %dist% <= 10 and %outdeg% <= 10 and %twodista% <=  %vrlength% and
%twodistb% <= %vrlength% &then
    /* &s junk [write %fu% [quote %xc% %yc%]] /* 제거
    &type processing .... removing
     &else
      &s junk [write %fu% [quote %xb% %yb%]] /* 유지



&if %dist% <= 10  &then

  &do

     &if %outdeg% <= 10 and %twodista% <= %vrlength% and %twodistb% <=
%vrlength% &then

   &s rv = %rv% + 1
    &else
     &s md = %md% + 1
   &end


   &if [calc %pt% + 2] eq %pts%  &then
```

```
&s junk [write %fu% [quote %xc% %yc%]] /* 라인의 끝점

  &if %pt% = [calc %pts% - 2] &then
    &s junk [write %fu% [quote end ]]   /* 라인의 서식end


        &end
  &if %arc% = %arcs% &then
    &s junk [write %fu% [quote end ]] /* 라인 서식 end/end

&type
&type %rv% points removed of %pts%  at Vertexlength %vrlength%
&type




      &end

    &s junk [close %fu%]
    &s jk [close %fs%]



q
&s ic = [calc %i% + 1]



  generate %fcov%sm%ic%
  input t.txt
  line
  q
  build %fcov%sm%ic% line

/* countvertices %fcov%sm line

&if [exists %fcov%sm%ic%.dat -info] &then
&do
tables
```

```
sel %fcov%sm%ic%.dat
erase %fcov%sm%ic%.dat
y
q
&end

tables
define %fcov%sm%ic%.dat
%fcov%sm%ic%-id
4
3
b
dxf-elevation
4
12
f
3
~
sel %fcov%sm%ic%.dat
add from s.txt
q
joinitem        %fcov%sm%ic%.aat        %fcov%sm%ic%.dat        %fcov%sm%ic%.aat
%fcov%sm%ic%-id %fcov%sm%ic%-id
&end
&end

&if [exists %fcov%sm -cover] &then
kill %fcov%sm all

copy %fcov%sm%ic% %fcov%sm

&do i = 1 &to %fcounter%
  kill %fcov%sm%i% all
&end
```

```
/*&return


/*********** 단순화 끝

ae

edit %fcov%sm arc
disp 0
sel all



&s arcs = [show num sel]

&type arcs is %arcs%
  &do arc = 1 &to %arcs%
/* 계수 0으로 초기화

  &s rv 0
  &s md  0
  &s per 0
  &s rts  0




/*    &if [mod %arc% 1] = 0 &then &type Working on arc %arc% of %arcs%
 &type Working ........ %arc% of %arcs%
 &type
 &type processing.... enhancing ....

  &s pts = [show arc %arc% npnts]

/*&s elv = [show arc %arc% item dxf-elevation] /* item에 있는 고도 값 가져오기
```

```
/*&s  aaa [quote  %arc%, %elv% ] /* dxf-elevation의 아디 및 고도점 가져오기
/*&s jk [write %fs% %aaa%]


  &if %pts% > 2 &then



  &do pt = 1 &to [calc %pts% - 2]
  /* &s md = %md% + 1
  /* &s per = %per% + 1
  /* &s rts = %rts% + 1
  /* &s rv = %rv% + 1




    &s xyA = [show arc %arc% vertex %pt%]
    &s xyB = [show arc %arc% vertex [calc %pt% + 1]]
    &s xyC = [show arc %arc% vertex [calc %pt% + 2]]

    &s xA = [extract 1 %xyA%]
    &s xB = [extract 1 %xyB%]
    &s xC = [extract 1 %xyC%]
    &s yA = [extract 2 %xyA%]
    &s yB = [extract 2 %xyB%]
    &s yC = [extract 2 %xyC%]



     &s mdxx [calc ( %xA% + %xC% )/2]
     &s mdyy [calc ( %yA% + %yC% )/2]
    /* &s mxd [calc ( %xb% + %mdx% )/2]
    /* &s myd [calc ( %yb% + %mdy% )/2]

    &if %xc% eq %xa% &then
     &s gr [calc %yc% - %ya%]  /* 절편이 0
```

&else

&s gr [calc (%yc% - %ya%)/(%xc% - %xa%)] /* 빝변의 기울기

&s bgr [calc %yc% - (%gr% * %xc%)] /* 직선의 B값

&if %gr% eq 0 &then /* 절편이 0

&s ingr = 0

&else

&s ingr [calc 1/%gr% * -1] /* 중앙 점에 수직인 기울기 -(1/N)

&s perB [calc %yb% - (%ingr% * %xb%)] /* 중앙점을 통과하는 B

&s xap [calc %perb% - %bgr%]

&s xdi [calc %gr% + %ingr% * -1]

&if %xdi% eq 0 &then /* 절편이 0

&s xap = 0

&else

&s xpoint [calc %xap%/%xdi%] /* 밑변에 수직으로 만나는 수선의 X좌표

&s ypoint [calc %gr% * %xpoint% + %bgr%] /* 밑변에 수직으로 만나는 수선의 Y
좌표

&s mdx [calc (%xb% + %xpoint%)/2] /* 수선의 중간 x좌표

&s mdy [calc (%yb% + %ypoint%)/2] /* 수선의 중산 y좌표

&s w1 = [abs [calc %xA% - %xB%]]

&s h1 = [abs [calc %yA% - %yB%]]

&s w2 = [abs [calc %xC% - %xB%]]

&s h2 = [abs [calc %yC% - %yB%]]

&s w3 = [abs [calc %xA% - %xC%]]

&s h3 = [abs [calc %yA% - %yC%]]

&s dist [abs [sqrt [calc (%xpoint% - %xb%) * (%xpoint% - %xb%) + (
%ypoint% - %yb%) * (%ypoint% - %yb%)]]]
   /* 수선의 길이

&s c = [sqrt [calc (%w1% * %w1%) + (%h1% * %h1%)]]

```
    &s a = [sqrt [calc ( %w2% * %w2% ) + ( %h2% * %h2% )]]
    &s b = [sqrt [calc ( %w3% * %w3% ) + ( %h3% * %h3% )]]

    &s mm [calc ( %b% * %b% ) - ( %a% * %a% ) - ( %c% * %c% )]
    &s nn [calc 2 * %a% * %c% * -1]
    /* mm과 nn이 0  일때

    &if %mm% = 0 and %nn% = 0 &then
        &s div [acos 0]
    &else
      &s mn [calc %mm%/%nn%]

    &s div [acos %mn%]  /* 여기가 왜 특수한 경우 음(-1)이 될까
    &s dn [calc 180 * %div%]
    &s deg [calc %dn%/3.141592]   /* 중앙점의 내각
    &s outdeg [calc 180 - %deg%] /*  외각


    /* &type %dist% xa ya %xa% %ya% xc yc %xc% %yc%
    /* &type y = %gr%x + %bgr%   y = %ingr%x + %perb%   %outdeg% /* 두직선의
방정식
     /*  &type Vertex [calc %pt% + 1]    degree    %deg% outside_deg [calc 180 -
%deg%] %mdx% %mdy%


    /* &type pts is %pt% %arc% elevation %elv% dist %dist% degree %outdeg% /* 고도
점구하기
    /* &type pts is [calc %pt% + 1] dist %dist% degree %outdeg% /* 고도점구하기
   /*   &type point ID [calc %pt% + 1] %xb% %yb% dist %dist% degree %outdeg%

    &s tr [truncate %outdeg%] /* 외각
     &s afs [quote %tr% %dist%] /* 수선의 길이
    &s jk [write %fs% %afs% ]
```

```
&if %pt% = 1 &then

&s junk [write %fu% [quote %arc%]] /* 라인ID

&if %pt% = 1 &then
&s junk [write %fu% [quote %xa% %ya%]] /* 라인의 첫번째 점

/**************************************

&if %dist% <= 1  &then
 &do

   &if %outdeg% <= 10 &then
      &s junk [write %fu% [quote %xb% %yb%]] /* 제거
   &else
       &s junk [write %fu% [quote %mdxx% %mdyy%]] /* 중점의 중간점
   &end

&if %dist% > 1 and %dist% <= 10 &then
 &s junk [write %fu% [quote %mdx% %mdy%]] /* 수선의 중간점


&if %dist% > 10 &then
 &do
  &if %outdeg% <= 40 &then
&s [write %fu% [quote %mdx% %mdy%]] /* 수선의 중간점

   &else
     &s junk [write %fu% [quote %xb% %yb%]] /* 유지
   &end


 /* &s junk [write %fu% [quote %mdx% %mdy%]] /* 수선의 중간점

  &if [calc %pt% + 2] eq %pts%  &then
  &s junk [write %fu% [quote %xc% %yc%]] /* 라인의 끝점
```

```
        &if %pt% = [calc %pts% - 2] &then
          &s junk [write %fu% [quote end ]]  /* 라인의 서식end


        &end
       &if %arc% = %arcs% &then
          &s junk [write %fu% [quote end ]] /* 라인 서식 end/end
          &end

          &s junk [close %fu%]
          &s jk [close %fs%]
q
 generate %fcov%sm1
 input t.txt
 line
 q
 build %fcov%sm1 line



/*tables
/*define %fcov%sm1.dat
/*%fcov%sm1-id
/*4
/*3
/*b
/*dxf-elevation
/*4
/*12
/*f
/*3
/*~
/*sel %fcov%sm1.dat
/*add from d:\jo\dig\s.txt
/*q
/*joinitem %fcov%sm1.aat %fcov%sm1.dat %fcov%sm1.aat %fcov%sm1-id %fcov%sm1-id
```

```
/* &return

/***********************


&s junk [close -all]
&s jk [close -all]

&do i = 1 &to [calc %fc% - 1]
&if [EXIST %fcov%sm%i% -cover] = .TRUE. &then

 &do
&s fu [open t.txt stat -write]
&s fs [open s.txt stat -write]


   ae

edit %fcov%sm%i% arc
disp 0
sel all



   &s arcs = [show num sel]

   &type arcs is %arcs%
     &do arc = 1 &to %arcs%
/* 계수 0으로 초기화

   &s rv 0
   &s md  0
   &s per 0
   &s rts  0
```

```
/*    &if [mod %arc% 1] = 0 &then &type Working on arc %arc% of %arcs%
&type Working ....... %arc% of %arcs%
&type
&type processing.... enhancing .....

   &s pts = [show arc %arc% npnts]

/*&s elv = [show arc %arc% item dxf-elevation] /* item에 있는 고도 값 가져오기


/*&s  aaa [quote  %arc%, %elv% ] /* dxf-elevation의 아디 및 고도점 가져오기
/*&s jk [write %fs% %aaa%]


   &if %pts% 〉 2 &then



   &do pt = 1 &to [calc %pts% - 2]

    &s xyA = [show arc %arc% vertex %pt%]
    &s xyB = [show arc %arc% vertex [calc %pt% + 1]]
    &s xyC = [show arc %arc% vertex [calc %pt% + 2]]

    &s xA = [extract 1 %xyA%]
    &s xB = [extract 1 %xyB%]
    &s xC = [extract 1 %xyC%]
    &s yA = [extract 2 %xyA%]
    &s yB = [extract 2 %xyB%]
    &s yC = [extract 2 %xyC%]


     &s mdxx [calc ( %xA% + %xC% )/2]
     &s mdyy [calc ( %yA% + %yC% )/2]
    /* &s mxd [calc ( %xb% + %mdx% )/2]
    /* &s myd [calc ( %yb% + %mdy% )/2]
```

```
&if %xc% eq %xa% &then
 &s gr [calc %yc% - %ya%]  /* 절편이 0
&else
&s gr [calc ( %yc% - %ya% )/( %xc% - %xa% )]  /* 빝변의 기울기
&s bgr [calc %yc% - ( %gr% * %xc% )]  /*  직선의 B값
&if %gr% eq 0 &then  /* 절편이 0
 &s ingr = 0
 &else
&s ingr [calc 1/%gr% * -1]  /* 중앙 점에 수직인 기울기 -(1/N)

&s perB [calc %yb% - ( %ingr% * %xb% )]  /* 중앙점을 통과하는 B


&s xap [calc %perb% - %bgr% ]
&s xdi [calc %gr% + %ingr% * -1 ]

&if %xdi% eq 0 &then  /* 절편이 0
 &s xap = 0
 &else
&s xpoint [calc %xap%/%xdi%]  /* 밑변에 수직으로 만나는 수선의 X좌표

&s ypoint [calc %gr% * %xpoint% + %bgr%]  /* 밑변에 수직으로 만나는 수선의 Y
좌표

&s mdx [calc ( %xb% + %xpoint% )/2]  /* 수선의 중간 x좌표
&s mdy [calc ( %yb% + %ypoint% )/2]  /* 수선의 중산 y좌표

&s w1 = [abs [calc %xA% - %xB%]]
&s h1 = [abs [calc %yA% - %yB%]]
&s w2 = [abs [calc %xC% - %xB%]]
&s h2 = [abs [calc %yC% - %yB%]]
&s w3 = [abs [calc %xA% - %xC%]]
&s h3 = [abs [calc %yA% - %yC%]]

&s dist [abs [sqrt [calc ( %xpoint% - %xb% ) * ( %xpoint% - %xb% ) + (
%ypoint% - %yb% ) * ( %ypoint% - %yb% )]]]
```

```
    /* 수선의 길이

  &s c = [sqrt [calc ( %w1% * %w1% ) + ( %h1% * %h1% )]]
  &s a = [sqrt [calc ( %w2% * %w2% ) + ( %h2% * %h2% )]]
  &s b = [sqrt [calc ( %w3% * %w3% ) + ( %h3% * %h3% )]]

  &s mm [calc ( %b% * %b% ) - ( %a% * %a% ) - ( %c% * %c% )]
  &s nn [calc 2 * %a% * %c% * -1]
  /* mm과 nn이 0  일때

  &if %mm% = 0 and %nn% = 0 &then
    &s div [acos 0]
  &else
   &s mn [calc %mm%/%nn%]

  &else

  &s dn [calc 180 * %div%]
  &s deg [calc %dn%/3.141592]    /* 중앙점의 내각
  &s outdeg [calc 180 - %deg%] /*  외각


  /* &type %dist% xa ya %xa% %ya% xc yc %xc% %yc%
 /* &type y = %gr%x + %bgr%   y = %ingr%x + %perb%   %outdeg% /* 두직선의
방정식
    /* &type Vertex [calc %pt% + 1]   degree   %deg% outside_deg [calc 180 -
%deg%] %mdx% %mdy%

  /* &type pts is %pt% %arc% elevation %elv% dist %dist% degree %outdeg% /* 고도
점구하기
  /* &type pts is [calc %pt% + 1] dist %dist% degree %outdeg% /* 고도점구하기
 /*  &type point ID [calc %pt% + 1] %xb% %yb% dist %dist% degree %outdeg%


  &if %pt% = 1 &then
  &s junk [write %fu% [quote %arc%]] /* 라인ID
  &if %pt% = 1 &then
```

```
&s junk [write %fu% [quote %xa% %ya%]] /* 라인의 첫번째 점

/*************************************

&if %dist% <= 1  &then
 &do

   &if %outdeg% <= 10 &then
      &s junk [write %fu% [quote %xb% %yb%]] /* 제거
   &else
      &s junk [write %fu% [quote %mdxx% %mdyy%]] /* 중점의 중간점
   &end


&if %dist% > 1 and %dist% <= 10 &then
 &s junk [write %fu% [quote %mdx% %mdy%]] /* 수선의 중간점


&if %dist% > 10 &then
 &do
   &if %outdeg% <= 40 &then
&s [write %fu% [quote %mdx% %mdy%]] /* 수선의 중간점

   &else
    &s junk [write %fu% [quote %xb% %yb%]] /* 유지
   &end

   &if [calc %pt% + 2] eq %pts%   &then
   &s junk [write %fu% [quote %xc% %yc%]] /* 라인의 끝점

   &if %pt% = [calc %pts% - 2] &then
    &s junk [write %fu% [quote end ]]  /* 라인의 서식end


   &end
 &if %arc% = %arcs% &then
    &s junk [write %fu% [quote end ]] /* 라인 서식 end/end
```

264

```
    &end

    &s junk [close %fu%]
    &s jk [close %fs%]


q
&s counter = %i% + 1

 generate %fcov%sm%counter%
 input t.txt
 line
 q
 build %fcov%sm%counter% line

/*tables
/*define %fcov%sm%counter%.dat
/*%fcov%sm%counter%-id
/*4
/*3
/*b
/*dxf-elevation
/*4
/*12
/*f
/*3
/*~
/*sel %fcov%sm%counter%.dat
/*add from d:\jo\dig\s.txt
/*q


/*joinitem %fcov%sm%counter%.aat %fcov%sm%counter%.dat %fcov%sm%counter%.aat
%fcov%sm%counter%-id %fcov%sm%counter%-id
&s i = %i% + 1
```

```
&end
&end

tables
sel %fcov%sm.dat
rename %fcov%sm.dat %fcov%sm%counter%.dat
sel %fcov%sm%counter%.dat
alter %fcov%sm-id, %fcov%sm%counter%-id,,,,
~
q
/* &pause


joinitem  %fcov%sm%counter%.aat  %fcov%sm%counter%.dat  %fcov%sm%counter%.aat
%fcov%sm%counter%-id %fcov%sm%counter%-id

&if [exists %fcov%gen.dat -info] &then
&do
tables
sel %fcov%gen.dat
erase %fcov%gen.dat
y
q
&end

&if [exists %fcov%gen -cover] &then
kill %fcov%gen all


copy %fcov%sm%counter% %fcov%gen

kill %fcov%sm%counter% all
countvertices %fcov%gen line

&s fc = [calc %counter% - 1]
```

```
&do i = 1 &to %fc%
  kill %fcov%sm%i% all
&end



&return



/*******************************
```

6) 행정구역 일반화 (AML)

```
&s cov = [response 'Enter Coast or Boundary coverage']
&if ^ [exists %cov% -coverage] &then
    &return &warning /& Coverage 〈 %cov% 〉 does not exist in this workspace.

&s fcov = %cov%
/* &s fcounter = [response 'input for simplification looping N']
&s fcounter = 1
&s fc = [response 'input for genealization looping N']
&s fcount [calc %fcounter% - 1]



&s junk [close -all]
&s jk [close -all]
&s fu [open t.txt stat -write]
&s fs [open s.txt stat -write]

/****************************************************************
/* 고도 정보를 위한 아이템 변경
ae
disp 0
edit %fcov% arc

  sel all
```

```
&s arcs = [show num sel]

&type arcs is %arcs%
&do arc = 1 &to %arcs%
&s rv  0
&s md  0
&s per 0
&s rts  0
&s xtmp 0
&s ytmp 0

&type Working ........ %arc% of %arcs%
&type
&type Processing......  simplifying.....
&type

   &s pts = [show arc %arc% npnts]


   &if %pts% > 2 &then


   &do pt = 1 &to [calc %pts% - 2]


     &s xyA = [show arc %arc% vertex %pt%]
     &s xyB = [show arc %arc% vertex [calc %pt% + 1]]
     &s xyC = [show arc %arc% vertex [calc %pt% + 2]]

     &s xA = [extract 1 %xyA%]
     &s xB = [extract 1 %xyB%]
     &s xC = [extract 1 %xyC%]
     &s yA = [extract 2 %xyA%]
     &s yB = [extract 2 %xyB%]
     &s yC = [extract 2 %xyC%]
```

```
 &s mdxx [calc ( %xA% + %xC% )/2]
 &s mdyy [calc ( %yA% + %yC% )/2]
/* &s mxd [calc ( %xb% + %mdx% )/2]
/* &s myd [calc ( %yb% + %mdy% )/2]

&if %xc% eq %xa% &then
 &s gr [calc %yc% - %ya%]  /* 절편이 0
&else
&s gr [calc ( %yc% - %ya% )/( %xc% - %xa% )]  /* 빝변의 기울기
&s bgr [calc %yc% - ( %gr% * %xc% )] /*  직선의 B값
&if %gr% eq 0 &then  /* 절편이 0
 &s ingr = 0
 &else
 &s ingr [calc 1/%gr% * -1]  /* 중앙 점에 수직인 기울기 -(1/N)

 &s perB [calc %yb% - ( %ingr% * %xb% )] /* 중앙점을 통과하는 B



 &s xap [calc %perb% - %bgr% ]
 &s xdi [calc %gr% + %ingr% * -1 ]

&if %xdi% eq 0 &then  /* 절편이 0
 &s xap = 0
 &else
&s xpoint [calc %xap%/%xdi%] /* 밑변에 수직으로 만나는 수선의 X좌표

 &s ypoint [calc %gr% * %xpoint% + %bgr%] /* 밑변에 수직으로 만나는 수선의 Y
좌표

 &s mdx [calc ( %xb% + %xpoint% )/2] /* 수선의 중간 x좌표
 &s mdy [calc ( %yb% + %ypoint% )/2] /* 수선의 중산 y좌표

 &s w1 = [abs [calc %xA% - %xB%]]
 &s h1 = [abs [calc %yA% - %yB%]]
 &s w2 = [abs [calc %xC% - %xB%]]
```

```
&s h2 = [abs [calc %yC% - %yB%]]
&s w3 = [abs [calc %xA% - %xC%]]
&s h3 = [abs [calc %yA% - %yC%]]

&s dist [abs [sqrt [calc ( %xpoint% - %xb% ) * ( %xpoint% - %xb% ) + (
%ypoint% - %yb% ) * ( %ypoint% - %yb% )]]]
    /* 수선의 길이
&s twodista [abs[sqrt [calc ( %yb% - %ya% ) * ( %yb% - %ya% ) + ( %xb%
- %xa% ) * ( %xb% - %xa% ) ]]]
&s twodistb [abs[sqrt [calc ( %yc% - %yb% ) * ( %yc% - %yb% ) + ( %xc%
- %xb% ) * ( %xc% - %xb% ) ]]]

&s c = [sqrt [calc ( %w1% * %w1% ) + ( %h1% * %h1% )]]
&s a = [sqrt [calc ( %w2% * %w2% ) + ( %h2% * %h2% )]]
&s b = [sqrt [calc ( %w3% * %w3% ) + ( %h3% * %h3% )]]

&s mm [calc ( %b% * %b% ) - ( %a% * %a% ) - ( %c% * %c% )]
&s nn [calc 2 * %a% * %c% * -1]
/* mm과 nn이 0  일때

&if %mm% = 0 and %nn% = 0 &then
    &s div [acos 0]
  &else
   &s mn [calc %mm%/%nn%]


&s dn [calc 180 * %div%]
&s deg [calc %dn%/3.141592]   /* 중앙점의 내각
&s outdeg [calc 180 - %deg%] /* 외각

&s len = [show arc %arc% item length] /* item에 있는 길이 가져오기

&s vrlength = [calc %len%/[calc %pts% - 1]]

&if %pt% = 1 &then
 &s junk [write %fu% [quote %arc%]] /* 라인ID
 &if %pt% = 1 &then
```

```
&s junk [write %fu% [quote %xa% %ya%]] /* 라인의 첫번째 점

/**************************************

/**************************************

&if %dist% <= 5 and %outdeg% <= 5 and %twodista% <=   %vrlength% and
%twodistb% <= %vrlength% &then
    /* &s junk [write %fu% [quote %xc% %yc%]] /* 제거
    &type processing .... removing
     &else
       &s junk [write %fu% [quote %xb% %yb%]] /* 유지



&if %dist% <= 5  &then

    &do

       &if %outdeg% <= 5 and %twodista% <= %vrlength% and %twodistb% <=
%vrlength% &then

     &s rv = %rv% + 1
      &else
       &s md = %md% + 1
      &end



       &if [calc %pt% + 2] eq %pts%  &then
       &s junk [write %fu% [quote %xc% %yc%]] /* 라인의 끝점

        &if %pt% = [calc %pts% - 2] &then
         &s junk [write %fu% [quote end ]]  /* 라인의 서식end

          &end
       &if %arc% = %arcs% &then
          &s junk [write %fu% [quote end ]] /* 라인 서식 end/end
```

```
&type
&type %rv% points removed of %pts%  at Vertexlength %vrlength%
&type



     &end

     &s junk [close %fu%]
     &s jk [close %fs%]




q
 generate %fcov%sm1
 input t.txt
 line
 q
 build %fcov%sm1 line



/* &return




/*****************************************************



&s junk [close -all]
&s jk [close -all]

&do i = 1 &to %fcount%
&if [EXIST %fcov%sm%i% -cover] = .true. &then

 &do
&s fu [open t.txt stat -write]
```

&s fs [open s.txt stat -write]

  ae
disp 0

edit %fcov%sm%i% arc

  sel all

  &s arcs = [show num sel]

  &type arcs is %arcs%
  &do arc = 1 &to %arcs%
  &s rv 0
  &s md 0
  &s per 0
  &s rts 0
  &s xtmp 0
  &s ytmp 0

&type Working .... %arc% of %arcs%
&type
&type Processing...... simplifying.....
&type

  &s pts = [show arc %arc% npnts]

  &if %pts% 〉 2 &then

  &do pt = 1 &to [calc %pts% - 2]

```
&s xyA = [show arc %arc% vertex %pt%]
&s xyB = [show arc %arc% vertex [calc %pt% + 1]]
&s xyC = [show arc %arc% vertex [calc %pt% + 2]]

&s xA = [extract 1 %xyA%]
&s xB = [extract 1 %xyB%]
&s xC = [extract 1 %xyC%]
&s yA = [extract 2 %xyA%]
&s yB = [extract 2 %xyB%]
&s yC = [extract 2 %xyC%]


 &s mdxx [calc ( %xA% + %xC% )/2]
 &s mdyy [calc ( %yA% + %yC% )/2]
/* &s mxd [calc ( %xb% + %mdx% )/2]
/* &s myd [calc ( %yb% + %mdy% )/2]

&if %xc% eq %xa% &then
 &s gr [calc %yc% - %ya%]  /* 절편이 0
&else
&s gr [calc ( %yc% - %ya% )/( %xc% - %xa% )]  /* 빗변의 기울기
&s bgr [calc %yc% - ( %gr% * %xc% )]  /*  직선의 B값
&if %gr% eq 0 &then  /* 절편이 0
 &s ingr = 0
 &else
 &s ingr [calc 1/%gr% * -1]  /* 중앙 점에 수직인 기울기 -(1/N)

&s perB [calc %yb% - ( %ingr% * %xb% )] /* 중앙점을 통과하는 B


&s xap [calc %perb% - %bgr% ]
&s xdi [calc %gr% + %ingr% * -1 ]

&if %xdi% eq 0 &then  /* 절편이 0
 &s xap = 0
 &else
```

```
&s xpoint [calc %xap%/%xdi%] /* 밑변에 수직으로 만나는 수선의 X좌표

&s ypoint [calc %gr% * %xpoint% + %bgr%] /* 밑변에 수직으로 만나는 Y
좌표

&s mdx [calc ( %xb% + %xpoint% )/2] /* 수선의 중간 x좌표
&s mdy [calc ( %yb% + %ypoint% )/2] /* 수선의 중산 y좌표

&s w1 = [abs [calc %xA% - %xB%]]
&s h1 = [abs [calc %yA% - %yB%]]
&s w2 = [abs [calc %xC% - %xB%]]
&s h2 = [abs [calc %yC% - %yB%]]
&s w3 = [abs [calc %xA% - %xC%]]
&s h3 = [abs [calc %yA% - %yC%]]

&s dist [abs [sqrt [calc ( %xpoint% - %xb% ) * ( %xpoint% - %xb% ) + (
%ypoint% - %yb% ) * ( %ypoint% - %yb% )]]]
    /* 수선의 길이
&s twodista [abs[sqrt [calc ( %yb% - %ya% ) * ( %yb% - %ya% ) + ( %xb%
- %xa% ) * ( %xb% - %xa% ) ]]]
&s twodistb [abs[sqrt [calc ( %yc% - %yb% ) * ( %yc% - %yb% ) + ( %xc%
- %xb% ) * ( %xc% - %xb% ) ]]]

&s c = [sqrt [calc ( %w1% * %w1% ) + ( %h1% * %h1% )]]
&s a = [sqrt [calc ( %w2% * %w2% ) + ( %h2% * %h2% )]]
&s b = [sqrt [calc ( %w3% * %w3% ) + ( %h3% * %h3% )]]

&s mm [calc ( %b% * %b% ) - ( %a% * %a% ) - ( %c% * %c% )]
&s nn [calc 2 * %a% * %c% * -1]
/* mm과 nn이 0  일때

&if %mm% = 0 and %nn% = 0 &then
   &s div [acos 0]
 &else
   &s mn [calc %mm%/%nn%]

&s dn [calc 180 * %div%]
```

```
&s deg [calc %dn%/3.141592]    /* 중앙점의 내각
&s outdeg [calc 180 - %deg%] /*  외각

&s len = [show arc %arc% item length] /* item에 있는 길이 가져오기

&s vrlength = [calc %len%/[calc %pts% - 1]]

&if %pt%  = 1 &then
 &s junk [write %fu% [quote %arc%]] /* 라인ID
&if %pt%  = 1 &then
 &s junk [write %fu% [quote %xa% %ya%]] /* 라인의 첫번째 점


/*************************************

/*************************************

&if %dist% <= 5 and %outdeg% <= 5 and %twodista% <=    %vrlength% and
%twodistb% <= %vrlength% &then
    /* &s junk [write %fu% [quote %xc% %yc%]] /* 제거
    &type processing .... removing
    &else
      &s junk [write %fu% [quote %xb% %yb%]] /* 유지



&if %dist% <= 5  &then

  &do

    &if %outdeg% <= 5 and %twodista% <= %vrlength% and %twodistb% <=
%vrlength% &then

  &s rv = %rv% + 1
    &else
     &s md = %md% + 1
   &end
```

```
&if [calc %pt% + 2] eq %pts%  &then
&s junk [write %fu% [quote %xc% %yc%]] /* 라인의 끝점

  &if %pt% = [calc %pts% - 2] &then
   &s junk [write %fu% [quote end ]]  /* 라인의 서식end

     &end
&if %arc% = %arcs% &then
    &s junk [write %fu% [quote end ]] /* 라인 서식 end/end

&type
&type %rv% points removed of %pts%  at Vertexlength %vrlength%
&type




    &end

    &s junk [close %fu%]
    &s jk [close %fs%]



q
&s ic = [calc %i% + 1]



 generate %fcov%sm%ic%
 input t.txt
 line
 q
 build %fcov%sm%ic% line

/* countvertices %fcov%sm line



&end
```

```
&end
&if [exists %fcov%sm -cover] &then
kill %fcov%sm all

copy %fcov%sm%ic% %fcov%sm

&do i = 1 &to %fcounter%
  kill %fcov%sm%i% all
&end



/*&return


/*********** 단순화 끝

ae

edit %fcov%sm arc
disp 0
sel all



  &s arcs = [show num sel]

  &type arcs is %arcs%
    &do arc = 1 &to %arcs%
/* 계수 0으로 초기화

  &s rv 0
  &s md  0
  &s per 0
  &s rts  0
```

```
/*    &if [mod %arc% 1] = 0 &then &type Working on arc %arc% of %arcs%
&type Working ....... %arc% of %arcs%
&type
&type processing.... enhancing ....


    &s pts = [show arc %arc% npnts]



    &if %pts% > 2 &then



&do pt = 1 &to [calc %pts% - 2]
/* &s md = %md% + 1
/* &s per = %per% + 1
/* &s rts = %rts% + 1
/* &s rv = %rv% + 1



    &s xyA = [show arc %arc% vertex %pt%]
    &s xyB = [show arc %arc% vertex [calc %pt% + 1]]
    &s xyC = [show arc %arc% vertex [calc %pt% + 2]]

    &s xA = [extract 1 %xyA%]
    &s xB = [extract 1 %xyB%]
    &s xC = [extract 1 %xyC%]
    &s yA = [extract 2 %xyA%]
    &s yB = [extract 2 %xyB%]
    &s yC = [extract 2 %xyC%]


    &s mdxx [calc ( %xA% + %xC% )/2]
    &s mdyy [calc ( %yA% + %yC% )/2]
/* &s mxd [calc ( %xb% + %mdx% )/2]
```

```
/* &s myd [calc ( %yb% + %mdy% )/2]

&if %xc% eq %xa% &then
 &s gr [calc %yc% - %ya%]  /* 절편이 0
&else
&s gr [calc ( %yc% - %ya% )/( %xc% - %xa% )]  /* 빗변의 기울기
&s bgr [calc %yc% - ( %gr% * %xc% )]  /* 직선의 B값
&if %gr% eq 0 &then  /* 절편이 0
 &s ingr = 0
&else
&s ingr [calc 1/%gr% * -1]  /* 중앙 점에 수직인 기울기 -(1/N)

&s perB [calc %yb% - ( %ingr% * %xb% )]  /* 중앙점을 통과하는 B

&s xap [calc %perb% - %bgr% ]
&s xdi [calc %gr% + %ingr% * -1 ]

&if %xdi% eq 0 &then  /* 절편이 0
 &s xap = 0
&else
 &s xpoint [calc %xap%/%xdi%]  /* 밑변에 수직으로 만나는 수선의 X좌표

 &s ypoint [calc %gr% * %xpoint% + %bgr%]  /* 밑변에 수직으로 만나는 수선의 Y
좌표

&s mdx [calc ( %xb% + %xpoint% )/2]  /* 수선의 중간 x좌표
&s mdy [calc ( %yb% + %ypoint% )/2]  /* 수선의 중산 y좌표

&s w1 = [abs [calc %xA% - %xB%]]
&s h1 = [abs [calc %yA% - %yB%]]
&s w2 = [abs [calc %xC% - %xB%]]
&s h2 = [abs [calc %yC% - %yB%]]
&s w3 = [abs [calc %xA% - %xC%]]
&s h3 = [abs [calc %yA% - %yC%]]

&s dist [abs [sqrt [calc ( %xpoint% - %xb% ) * ( %xpoint% - %xb% ) + (
%ypoint% - %yb% ) * ( %ypoint% - %yb% )]]]
```

```
/* 수선의 길이

&s c = [sqrt [calc ( %w1% * %w1% ) + ( %h1% * %h1% )]]
&s a = [sqrt [calc ( %w2% * %w2% ) + ( %h2% * %h2% )]]
&s b = [sqrt [calc ( %w3% * %w3% ) + ( %h3% * %h3% )]]

&s mm [calc ( %b% * %b% ) - ( %a% * %a% ) - ( %c% * %c% )]
&s nn [calc 2 * %a% * %c% * -1]
/* mm과 nn이 0  일때

&if %mm% = 0 and %nn% = 0 &then
    &s div [acos 0]
 &else
  &s mn [calc %mm%/%nn%]


&s dn [calc 180 * %div%]
&s deg [calc %dn%/3.141592]    /* 중앙점의 내각
&s outdeg [calc 180 - %deg%] /*  외각


/* &type %dist% xa ya %xa% %ya% xc yc %xc% %yc%
/* &type y = %gr%x + %bgr%   y = %ingr%x + %perb%   %outdeg% /* 두직선의
방정식
   /* &type Vertex [calc %pt% + 1]   degree   %deg% outside_deg [calc 180 -
%deg%] %mdx% %mdy%

 /* &type pts is %pt% %arc% elevation %elv% dist %dist% degree %outdeg% /* 고도
점구하기
 /* &type pts is [calc %pt% + 1] dist %dist% degree %outdeg% /* 고도점구하기
/*  &type point ID [calc %pt% + 1] %xb% %yb% dist %dist% degree %outdeg%


&if %pt% = 1 &then
&s junk [write %fu% [quote %arc%]] /* 라인ID
&if %pt% = 1 &then
```

```
&s junk [write %fu% [quote %xa% %ya%]] /* 라인의 첫번째 점

/**************************************

&if %dist% <= 1  &then
 &do

   &if %outdeg% <= 10 &then
      &s junk [write %fu% [quote %xb% %yb%]] /* 제거
   &else
      &s junk [write %fu% [quote %mdxx% %mdyy%]] /* 중점의 중간점
  &end

&if %dist% > 1 and %dist% <= 10 &then
 &s junk [write %fu% [quote %mdx% %mdy%]] /* 수선의 중간점


&if %dist% > 10 &then
 &do
  &if %outdeg% <= 40 &then
 &s [write %fu% [quote %mdx% %mdy%]] /* 수선의 중간점

   &else
   &s junk [write %fu% [quote %xb% %yb%]] /* 유지
  &end


 /* &s junk [write %fu% [quote %mdx% %mdy%]] /* 수선의 중간점

 &if ⌊calc %pt% + 2⌋ eq %pts%  &then
 &s junk [write %fu% [quote %xc% %yc%]] /* 라인의 끝점

  &if %pt% = [calc %pts% - 2] &then
   &s junk [write %fu% [quote end ]]  /* 라인의 서식end


  &end
```

```
        &if %arc% = %arcs% &then
            &s junk [write %fu% [quote end ]] /* 라인 서식 end/end
            &end

            &s junk [close %fu%]
            &s jk [close %fs%]
q
 generate %fcov%sm1
 input t.txt
 line
 q
 build %fcov%sm1 line


/* &return

/************************



&s junk [close -all]
&s jk [close -all]



&do i = 1 &to %fc%
&if [EXIST %fcov%sm%i% -cover] = .TRUE. &then

 &do
&s fu [open t.txt stat -write]
&s fs [open s.txt stat -write]
  ae

edit %fcov%sm%i% arc
disp 0
sel all


        &s arcs = [show num sel]
```

```
&type arcs is %arcs%
    &do arc = 1 &to %arcs%
/* 계수 0으로 초기화

    &s rv 0
    &s md  0
    &s per 0
    &s rts  0


/*    &if [mod %arc% 1] = 0 &then &type Working on arc %arc% of %arcs%
    &type Working ....... %arc% of %arcs%
    &type
    &type processing.... enhancing .....

    &s pts = [show arc %arc% npnts]


    &if %pts% 〉 2 &then


    &do pt = 1 &to [calc %pts% - 2]

    &s xyA = [show arc %arc% vertex %pt%]
    &s xyB = [show arc %arc% vertex [calc %pt% + 1]]
    &s xyC = [show arc %arc% vertex [calc %pt% + 2]]

    &s xA = [extract 1 %xyA%」
    &s xB = [extract 1 %xyB%]
    &s xC = [extract 1 %xyC%]
    &s yA = [extract 2 %xyA%]
    &s yB = [extract 2 %xyB%]
    &s yC = [extract 2 %xyC%]
```

```
&s mdxx [calc ( %xA% + %xC% )/2]
&s mdyy [calc ( %yA% + %yC% )/2]
/* &s mxd [calc ( %xb% + %mdx% )/2]
/* &s myd [calc ( %yb% + %mdy% )/2]


&if %xc% eq %xa% &then
 &s gr [calc %yc% - %ya%]  /* 절편이 0
&else
&s gr [calc ( %yc% - %ya% )/( %xc% - %xa% )]  /* 빝변의 기울기
&s bgr [calc %yc% - ( %gr% * %xc% )]  /*  직선의 B값
&if %gr% eq 0 &then  /* 절편이 0
 &s ingr = 0
 &else
 &s ingr [calc 1/%gr% * -1]  /* 중앙 점에 수직인 기울기 -(1/N)


&s perB [calc %yb% - ( %ingr% * %xb% )]  /* 중앙점을 통과하는 B



&s xap [calc %perb% - %bgr% ]
&s xdi [calc %gr% + %ingr% * -1 ]

&if %xdi% eq 0 &then  /* 절편이 0
 &s xap = 0
 &else
 &s xpoint [calc %xap%/%xdi%] /* 밑변에 수직으로 만나는 수선의 X좌표

 &s ypoint [calc %gr% * %xpoint% + %bgr%] /* 밑변에 수직으로 만나는 수선의 Y
좌표

 &s mdx [calc ( %xb% + %xpoint% )/2] /* 수선의 중간 x좌표
 &s mdy [calc ( %yb% + %ypoint% )/2] /* 수선의 중산 y좌표

 &s w1 = [abs [calc %xA% - %xB%]]
 &s h1 = [abs [calc %yA% - %yB%]]
 &s w2 = [abs [calc %xC% - %xB%]]
 &s h2 = [abs [calc %yC% - %yB%]]
 &s w3 = [abs [calc %xA% - %xC%]]
```

```
&s h3 = [abs [calc %yA% - %yC%]]

&s dist [abs [sqrt [calc ( %xpoint% - %xb% ) * ( %xpoint% - %xb% ) + (
%ypoint% - %yb% ) * ( %ypoint% - %yb% )]]]
    /* 수선의 길이

&s c = [sqrt [calc ( %w1% * %w1% ) + ( %h1% * %h1% )]]
&s a = [sqrt [calc ( %w2% * %w2% ) + ( %h2% * %h2% )]]
&s b = [sqrt [calc ( %w3% * %w3% ) + ( %h3% * %h3% )]]

&s mm [calc ( %b% * %b% ) - ( %a% * %a% ) - ( %c% * %c% )]
&s nn [calc 2 * %a% * %c% * -1]
/* mm과 nn이 0  일때

&if %mm% = 0 and %nn% = 0 &then
   &s div [acos 0]
 &else
  &s mn [calc %mm%/%nn%]

&s div [acos %mn%]  /* 여기가 왜 특수한 경우 음(-1)이 될까
&s dn [calc 180 * %div%]
&s deg [calc %dn%/3.141592]   /* 중앙점의 내각
&s outdeg [calc 180 - %deg%] /*  외각


/* &type %dist% xa ya %xa% %ya% xc yc %xc% %yc%
/* &type y = %gr%x + %bgr%   y = %ingr%x + %perb%   %outdeg% /* 두직선의
방정식
   /* &type Vertex [calc %pt% + 1]   degree   %deg% outside_deg [calc 180 -
%deg%」 %mdx% %mdy%

/* &type pts is %pt% %arc% elevation %elv% dist %dist% degree %outdeg% /* 고도
점구하기
/* &type pts is [calc %pt% + 1] dist %dist% degree %outdeg% /* 고도점구하기
/*  &type point ID [calc %pt% + 1] %xb% %yb% dist %dist% degree %outdeg%
```

```
&if %pt% = 1 &then
&s junk [write %fu% [quote %arc%]] /* 라인ID
&if %pt% = 1 &then
&s junk [write %fu% [quote %xa% %ya%]] /* 라인의 첫번째 점


/**************************************

&if %dist% <= 1  &then
&do

   &if %outdeg% <= 10 &then
      &s junk [write %fu% [quote %xb% %yb%]] /* 제거
   &else
      &s junk [write %fu% [quote %mdxx% %mdyy%]] /* 중점의 중간점
   &end



&if %dist% > 1 and %dist% <= 10 &then
  &s junk [write %fu% [quote %mdx% %mdy%]] /* 수선의 중간점



&if %dist% > 10 &then
 &do
  &if %outdeg% <= 40 &then
 &s [write %fu% [quote %mdx% %mdy%]] /* 수선의 중간점

   &else
    &s junk [write %fu% [quote %xb% %yb%]] /* 유지
  &end

  &if [calc %pt% + 2] eq %pts%  &then
  &s junk [write %fu% [quote %xc% %yc%]] /* 라인의 끝점

   &if %pt% = [calc %pts% - 2] &then
    &s junk [write %fu% [quote end ]]  /* 라인의 서식end
```

```
      &end
   &if %arc% = %arcs% &then
      &s junk [write %fu% [quote end ]] /* 라인 서식 end/end



      &end

      &s junk [close %fu%]
      &s jk [close %fs%]


q
&s counter = %i% + 1

generate %fcov%sm%counter%
input t.txt
line
q
build %fcov%sm%counter% line


&s i = %i% + 1

&end
&end

&if [exists %fcov%gen -cover] &then
kill %fcov%gen all

copy %fcov%sm%counter% %fcov%gen

kill %fcov%sm%counter% all
countvertices %fcov%gen line

&s fc = [calc %counter% - 1]
```

```
&do i = 1 &to %fc%
   kill %fcov%sm%i% all
&end




&return



/********************************
```

7) 점패턴분석 (AML)

```
&type
&type Spatial Dispersion of house, point
&type
&s cov = [response 'Input point or build for Dispersion pattern']
&if ^ [exists %cov% -coverage] &then
   &return &warning /&  Coverage < %cov% > does not exist in this workspace.
&s lt = [response 'Quadrat distance(meter) ']
&s e = [response 'coverage: label or poly:']

&s junk [close -all]
&s fu [open t.txt stat -write]



arcedit
mape %cov%
edit %cov%
ef %e%

&s xmin = [extract 1 [show mape]]
&s ymin = [extract 2 [show mape]]
&s xmax = [extract 3 [show mape]]
&s ymax = [extract 4 [show mape]]
&s dx = %xmax% - %xmin%
```

```
&s dy = %ymax% - %ymin%
&s si = [calc %dx%/%lt%]
&s siz = [calc %dy%/%lt%]


&s size = [calc %dx%/%si%]


&s count = [truncate %si%]
&s ycount = [truncate %siz%]




&s xsize = %xmin%
&s ysize = %ymin%
&s x1size = [calc %xmin% + %size%]
&s y1size = [calc %ymin% + %size%]


&do i = 1 &to [calc %count% + 1]


sel box %xsize% %ysize%, %x1size% %y1size%
&s ct [show num sel]


&s junk [write %fu% [quote %ct%]]


 &s xsize = [calc %xsize% + %size%]
 &s x1size = [calc %x1size% + %size%]


 &end


&do i = 1 &to 100000
&s xsize = %xmin%
&s ysize = [calc %ysize% + %size%]
&s x1size = [calc %xsize% + %size%]
&s y1size = [calc %y1size% + %size%]


 &do i = 1 &to [calc %count% + 1]
 sel box %xsize% %ysize%, %x1size% %y1size%
 &s ct [show num sel]
```

```
&s junk [write %fu% [quote %ct%]]
   &s xsize = [calc %xsize% + %size%]
  &s x1size = [calc %x1size% + %size%]

&if %y1size% > [calc %ymax% + %size%] &then
&goto jump
&end
&end
&return

&label jump
&s junk [close %fu%]

q
&type

&type Qudrat size: %size% meter


&s icount = 0
&s re = 0
&s funit = [open t.txt opetstat -r]
&s record = [read %funit% readstat]
&s icount = 0
&s re = 0

&do &while %readstat% ne 102
&s re = [calc %re% + %record%]

&s icount = [calc %icount% + 1]
&s record = [read %funit% readstat]
&end
&s closestat = [close %funit%]
&s m = [calc %re%/%icount%]
&s .mean = %m%
&s .ic = %icount%
```

```
&s unit = [open t.txt opetstat -r]
&s record1 = [read %unit% readstat]
&s cs = 0

&do &while %readstat% ne 102
&s d = [calc %record1% - %.mean%]
&s ds = [calc %d% * %d%]
&s cs = [calc %cs% + %ds%]

&s record1 = [read %unit% readstat]
&end
&s closestat = [close %unit%]
&s icc = [calc %.ic% - 1]
&s var = [calc %cs%/%icc%]
&s varmean = [calc %var%/ %.mean%]
&s ic = [calc %icount% - 1]
&s se1 = [calc 2/%ic%]
&s se = [sqrt %se1%]
&s vmr = [calc %varmean% - 1]
&s ex = [calc %vmr%/%se%]
&type
&type    mean %.mean% variance %var% count %re%
&type    variance/mean ratio %varmean%
&type    Expected Value T %ex% with %ic% df


&pause

&return
```

8) 프랙탈 차원(AML)

```
&type !!! Fractal calculation !!!
&type
&s cov = [response ' Enter line coverage ']
```

```
&if ^ [exists %cov% -coverage] &then
   &return &warning /&/&   Coverage 〈 %cov% 〉 does not exist in this workspace.

&do ext &list aat
   &if ^ [exists %cov%.ext -info] &then
   build %cov% line
   &end

&s jk [close -all]

&if [exists fracout.txt -file] &then
   &sys del fracout.txt

&s fs [open fracout.txt stat -write]
&s jk [write %fs% [quote]]

&s junk [close %fs%]




&if [exists %cov%.dat -info] &then
&do
tables
sel %cov%.dat
erase %cov%.dat
y
q
&end

&s a = [iteminfo %cov% -line dimension -exists]
&if %a% eq .true. &then
&do
dropitem %cov%.aat %cov%.aat
 vertex-mean
 r-sq
 sinuosity
```

```
dimension
total-length
end
&end


ae
disp 0
edit %cov% arc

    sel all

    &s arcs = [show num sel]

    &type arcs is %arcs%
    &do arc = 1 &to %arcs%
    &s rv 0
    &s md  0
    &s per 0
    &s rts  0
    &s xtmp 0
    &s ytmp 0

&type Working ....... %arc% of %arcs%
&type
&type Processing......  Calculating Ruler and FD.....
&type

    &s pts = [show arc %arc% npnts]

    &s id = [show arc %arc% item %cov%#]

    &if %pts% > 2 &then

    &s junk [close -all]
&s junk [close -all]
&s fu [open fd.txt stat -write]
```

294

```
&do pt = 1 &to [calc %pts% - 2]

    &s xyA = [show arc %arc% vertex %pt%]
    &s xyB = [show arc %arc% vertex [calc %pt% + 1]]
    &s xyC = [show arc %arc% vertex [calc %pt% + 2]]

    &s xA = [extract 1 %xyA%]
    &s xB = [extract 1 %xyB%]
    &s xC = [extract 1 %xyC%]
    &s yA = [extract 2 %xyA%]
    &s yB = [extract 2 %xyB%]
    &s yC = [extract 2 %xyC%]

&if %pt% = 1 &then
        &do
        &s xa1 = %xa%
        &s ya1 = %ya%
        &end

    &s junk [write %fu% [quote %xa% %ya% %id%]] /* 라인의 첫번째 점

        &s junk [write %fu% [quote %xb% %yb% %id%]]

        &if [calc %pt% + 2] eq %pts% and %xa1% ne %xc% and %ya1% ne %yc%
&then
        &s junk [write %fu% [quote %xc% %yc% %id%]] /* 라인의 끝점


        &end

    &s junk [close %fu%]
/*****************************
&data fr
&end

&if [exists %cov%.dat -info] &then
```

```
&call sub2
&else
&call sub1


/****************************
&end
q

joinitem %cov%.aat %cov%.dat %cov%.aat %cov% # %cov% #


&return




&routine sub1

&data arc tables
define %cov%.dat
%cov% #
4
3
b
vertex-mean
4
12
f
3
sinuosity
4
12
f
3
```

Dimension
4
12
f
3
R-SQ
4
12
f
3
Total-length
4
12
f
3
~
sel %cov%.dat
add from fracout.txt
q
&end
&return

&routine sub2

&data arc tables
sel %cov%.dat
add from fracout.txt
q
&end
&return

9) 벡터 변위 (AML)

&type compare: vertex displacement distance changes

&s cov = [response ' Enter Original line coverage ']

```
&if ^ [exists %cov% -coverage] &then
    &return &warning /&/&   Coverage 〈 %cov% 〉 does not exist in this workspace.

&s dp = [response ' Enter Generalized line coverage ']

&if ^ [exists %dp% -coverage] &then
    &return &warning /&/&   Coverage 〈 %dp% 〉 does not exist in this workspace.


&s junk [close -all]
&s jk [close -all]
&s fu [open t.txt stat -write]
&s fs [open s.txt stat -write]


ae
disp 0
edit %cov% arc

  sel all

  &s arcs = [show num sel]

  &type arcs is %arcs%
  &do arc = 1 &to %arcs%
  &s rv 0
  &s md  0
  &s per 0
  &s rts  0
  &s xtmp 0
  &s ytmp 0

&type Working ....... %arc% of %arcs%
&type
&type Processing......  making points.....
&type
```

```
&s pts = [show arc %arc% npnts]

&if %pts% > 2 &then

&do pt = 1 &to [calc %pts% - 2]

  &s xyA = [show arc %arc% vertex %pt%]
  &s xyB = [show arc %arc% vertex [calc %pt% + 1]]
  &s xyC = [show arc %arc% vertex [calc %pt% + 2]]

  &s xA = [extract 1 %xyA%]
  &s xB = [extract 1 %xyB%]
  &s xC = [extract 1 %xyC%]
  &s yA = [extract 2 %xyA%]
  &s yB = [extract 2 %xyB%]
  &s yC = [extract 2 %xyC%]

/*   &if %pt% = 1 &then
/*   &s junk [write %fu% [quote %pt% %xa% %ya%]] /* 라인의 첫번째 점

    &s junk [write %fu% [quote %pt%  %xb% %yb%]]

/*     &if [calc %pt% + 2] eq %pts%  &then
/*   &s junk [write %fu% [quote %pt%  %xc% %yc%]] /* 라인의 끝점




      &end
/*  &if %arc% = %arcs% &then
/*     &s junk [write %fu% [quote end ]] /* 라인 서식 end/end

  &end
   &s junk [write %fu% [quote end ]]  /* 라인의 서식end
   &s junk [close %fu%]
   &s jk [close %fs%]
   q
```

```
&if [exists %cov%num -cover] &then
kill %cov%num all

 generate %cov%num
 input t.txt
 point
 q
 build %cov%num point

near %cov%num %dp% line 100

statistics %cov%num.pat %cov%num.sat
sum distance
mean distance
std distance
max distance
min distance
end

 &type
 &type   〈 %cov%num 〉 Point distance coverage statistics
 list %cov%num.sat
 &type
 &pause

 &return
```

10) 각도 변화 (AML)

```
&type compare: vertex angle

&s cov = [response ' Enter line coverage ']
&if ˆ [exists %cov% -coverage] &then
   &return &warning /&/&   Coverage 〈 %cov% 〉 does not exist in this workspace.
```

```
&if [exists %cov%vt -cover] &then
 kill %cov%vt all


&s junk [close -all]
&s jk [close -all]
&s fu [open t.txt stat -write]
&s fs [open s.txt stat -write]


&if [exists %cov%vt.dat -info] &then
 &do
tables
sel %cov%vt.dat
erase %cov%vt.dat
y
q
&end
&if [exists %cov%vt.sat -info] &then
&do
tables
sel %cov%vt.sat
erase %cov%vt.sat
y
q
&end




ae
disp 0
edit %cov% arc

 sel all

 &s arcs = [show num sel]
```

```
&type arcs is %arcs%
&do arc = 1 &to %arcs%
&s rv 0
&s md  0
&s per 0
&s rts  0
&s xtmp 0
&s ytmp 0

&type Working ....... %arc% of %arcs%
&type
&type Processing......  making points.....
&type

  &s pts = [show arc %arc% npnts]

 &if %pts% > 2 &then

 &do pt = 1 &to [calc %pts% - 2]

  &s xyA = [show arc %arc% vertex %pt%]
  &s xyB = [show arc %arc% vertex [calc %pt% + 1]]
  &s xyC = [show arc %arc% vertex [calc %pt% + 2]]

  &s xA = [extract 1 %xyA%]
  &s xB = [extract 1 %xyB%]
  &s xC = [extract 1 %xyC%]
  &s yA = [extract 2 %xyA%]
  &s yB = [extract 2 %xyB%]
  &s yC = [extract 2 %xyC%]

   &s mdxx [calc ( %xA% + %xC% )/2]
   &s mdyy [calc ( %yA% + %yC% )/2]
  /* &s mxd [calc ( %xb% + %mdx% )/2]
  /* &s myd [calc ( %yb% + %mdy% )/2]
```

```
&if %xc% eq %xa% &then
 &s gr [calc %yc% - %ya%]  /* 절편이 0
&else
 &s gr [calc ( %yc% - %ya% )/( %xc% - %xa% )]  /* 빗변의 기울기
 &s bgr [calc %yc% - ( %gr% * %xc% )] /*  직선의 B값
 &if %gr% eq 0 &then  /* 절편이 0
  &s ingr = 0
 &else
  &s ingr [calc 1/%gr% * -1]  /* 중앙 점에 수직인 기울기 -(1/N)

 &s perB [calc %yb% - ( %ingr% * %xb% )] /* 중앙점을 통과하는 B


 &s xap [calc %perb% - %bgr% ]
 &s xdi [calc %gr% + %ingr% * -1 ]

 &if %xdi% eq 0 &then  /* 절편이 0
  &s xap = 0
 &else
  &s xpoint [calc %xap%/%xdi%] /* 밑변에 수직으로 만나는 수선의 X좌표

  &s ypoint [calc %gr% * %xpoint% + %bgr%] /* 밑변에 수직으로 만나는 수선의 Y
좌표

  &s mdx [calc ( %xb% + %xpoint% )/2] /* 수선의 중간 x좌표
  &s mdy [calc ( %yb% + %ypoint% )/2] /* 수선의 중산 y좌표

  &s w1 = [abs [calc %xA% - %xB%]]
  &s h1 = [abs [calc %yA% - %yB%]]
  &s w2 = [abs [calc %xC% - %xB%]]
  &s h2 = [abs [calc %yC% - %yB%]]
  &s w3 = [abs [calc %xA% - %xC%]]
  &s h3 = [abs [calc %yA% - %yC%]]

  &s dist [abs [sqrt [calc ( %xpoint% - %xb% ) * ( %xpoint% - %xb% ) + (
%ypoint% - %yb% ) * ( %ypoint% - %yb% )]]]
    /* 수선의 길이
```

```
    &s twodista [abs[sqrt [calc ( %yb% - %ya% ) * ( %yb% - %ya% ) + ( %xb%
- %xa% ) * ( %xb% - %xa% ) ]]]
    &s twodistb [abs[sqrt [calc ( %yc% - %yb% ) * ( %yc% - %yb% ) + ( %xc%
- %xb% ) * ( %xc% - %xb% ) ]]]

   &s c = [sqrt [calc ( %w1% * %w1% ) + ( %h1% * %h1% )]]
   &s a = [sqrt [calc ( %w2% * %w2% ) + ( %h2% * %h2% )]]
   &s b = [sqrt [calc ( %w3% * %w3% ) + ( %h3% * %h3% )]]

  &s mm [calc ( %b% * %b% ) - ( %a% * %a% ) - ( %c% * %c% )]
  &s nn [calc 2 * %a% * %c% * -1]
  /* mm과 nn이 0  일때

  &if %mm% = 0 and %nn% = 0 &then
     &s div [acos 0]
   &else
    &s mn [calc %mm%/%nn%]

  &s div [acos %mn%]   /* 여기가 왜 특수한 경우 음(-1)이 될까
  &s dn [calc 180 * %div%]
  &s deg [calc %dn%/3.141592]    /* 중앙점의 내각
  &s outdeg [calc 180 - %deg%] /*  외각
  &s outer = [round %outdeg%]




 /*    &if %pt% = 1 &then
  /*&s junk [write %fu% [quote %pt% %xa% %ya%]] /* 라인의 첫번째 점

   &s junk [write %fu% [quote %outer%   %xb% %yb%]] /* 라인의 끝점
   &s jk [write %fs% [quote %outer%   %outdeg% %dist%]] /* 라인의 끝점

 /*    &if [calc %pt% + 2] eq %pts%   &then
 /*   &s junk [write %fu% [quote %pt%   %xc% %yc%]] /* 라인의 끝점
```

```
          &end
/*   &if %arc% = %arcs% &then
/*      &s junk [write %fu% [quote end ]] /* 라인 서식 end/end

     &end
      &s junk [write %fu% [quote end ]]  /* 라인의 서식end
     &s junk [close %fu%]
     &s jk [close %fs%]
     q


&if [exists %cov%vt -cover] &then
kill %cov%vt all

 generate %cov%vt
 input t.txt
 point
 q
 build %cov%vt point

/*ae
/*edit %cov%vt
/*ef label
/*sel all
/*&s counter = [show num sel]
/*q

/*additem %cov%vt.pat %cov%vt.pat outangle 4 14 i

tables
define %cov%vt.dat
%cov%vt-id
4
3
b
```

```
angular
4
12
f
3
dist
4
12
f
3


~
sel %cov%vt.dat
add from s.txt
q
joinitem %cov%vt.pat %cov%vt.dat %cov%vt.pat %cov%vt-id %cov%vt-id



/*tables
/*sel %cov%vt.pat
/*calc outangle = %cov%vt-id
/*q



statistics %cov%vt.pat %cov%vt.sat
sum angular
mean angular
std angular
max angular
min angular
sum dist
mean dist
std dist
max dist
min dist
```

```
end

&type
&type  〈 %cov%vt 〉 vertex anglular coverage statistics

list %cov%vt.sat
&type
&pause
&if [exists %cov%vt.sat -info] &then
&do
tables
sel %cov%vt.sat
erase %cov%vt.sat
y
q
&end


&return
```

· 저자 ·

김남신   · 약 력 ·
(金南信)   한국교원대학교 박사학위

· 주요논저 ·
「선형사상 일반화를 위한 알고리즘 개발에 관한 연구」
「WebGIS를 이용한 고등학교 지리학습 교재개발」
「위성영상의 신경망 분류에 의한 평안남도 온천군 해안지역의 환경변화 연구」
『GIS실습: 지도제작과 공간분석을 중심으로』
외 다수

규칙 기반 모델링에 의한 지도요소 일반화

· 초판 인쇄   2006년 6월 30일
· 초판 발행   2006년 6월 30일

· 지 은 이   김남신
· 펴 낸 이   채종준
· 펴 낸 곳   한국학술정보㈜
              경기도 파주시 교하읍 문발리 526-2
              파주출판문화정보산업단지
              전화 031) 908-3181(대표) · 팩스 031) 908-3189
              홈페이지 http://www.kstudy.com
              e-mail(e-Book사업부) ebook@kstudy.com
· 등   록   제일산-115호(2000. 6. 19)
· 가   격   20,000원

ISBN   89-534-5302-X 93980 (Paper Book)
       89-534-5303-8 98980 (e-Book)